FOOD PURCHASE

이해하기 쉬운

식품구매

머리말

최근 생활 수준의 향상과 경제 성장에 따른 사회구조의 변화로 급식산업과 외식산업의 규모가 대형화되고 있으며, 식자재 시장도 지속적으로 성장하고 있는 추세이다. 이에 따라 외식업체나 단체급식소에서도 음식의 품질 향상을 위해 우수한 식자재에 대한 요구도가 높아지고 있다.

우수한 품질의 식자재를 최소의 비용으로 적절한 시기에 적절한 수량만큼 확보하기 위한 구매활동을 빈틈없이 계획하고, 구매한 식자재를 최적의 상태로 유지 및 관리하여 영양과 안전성의 모든 측면을 책임질 수 있는 양질의 음식을 생산하기 위해서는 각 식자재의 특성, 선택 요령, 유통 환경에 대한 충분한 지식이 필요하다. 이와 함께 정부의 규정에 맞는 식자재를 공급할 수 있는 믿을 수 있는 공급자를 선정하여 최고의 재료를 구매하는 것 또한 매우 중요하다.

이 책은 효율적인 식품구매를 위한 계획, 조직, 활동, 발주, 검수, 저장, 재고 관리 및 구매정보시스템과 고품질 식자재의 선택과정을 포함하여 최신 정보를 제공하기 위해 국내 대형 식품 유통업체와 한국농수산식품유통공사(aT센터), 그리고 관련 분야 종사자의 자료를 토대로 핵심적인 내용을 읽기 쉽게 정리하였다. 좀 더 구체적인 이해를 돕고자 보충 설명, 용어 해설, 사진과 그림 자료를 함께 실었으며, 주요 식품 유통업체의 실제 구매정보시스템 사례를 소개하여 실무에 참고할 수 있도록 구성하였다.

식품 관련 학과를 전공하는 학생들과 실무 종사자들에게 정확한 정보를 제공하고자 노력하였으나 여러 가지로 미흡한 점이 많아 지속적인 보완 작업을 통해 유용한 교재로 거듭날 수 있도록 완성도를 높여 나갈 것이다.

이 책이 출간되기까지 많은 도움을 준 한국체인스토어협회, 푸드머스, aT센터, 푸디스트, 그리고 파워북 관계자분께 진심으로 감사의 마음을 전한다.

저자 일동

차례

1 식품구매 개요

1. 식품구매 및 식품구매관리의 정의 12

1) 구매 및 식품구매의 정의 12 | 2) 조달의 정의 13 | 3) 식품구매관리의 정의 13

2. 식품구매관리의 목적 및 기대효과 13

3. 식품 구매활동의 의의 14

4. 식품 품질의 특수성 15

1) 식품 품질의 특수성 16 | 2) 식품의 품질요소 17

2 식품 구매시장과 유통체계

1. 시장 20

1) 시장이란 20 | 2) 시장의 기능 20 | 3) 식품시장의 종류 20

2. 식품 유통체계 22

1) 식품 유통체계의 개념 및 문제점 22 | 2) 식품 유통경로 및 식품 유통시장 23

3. 도매시장 24

1) 도매시장의 분류 24 | 2) 도매시장의 기능 25

3) 도매시장의 경매과정 28 | 4) 도매시장의 종류 29

4. 구매시장 조사 30

1) 구매시장 조사의 정의 30 | 2) 구매시장 조사의 내용 31

3) 구매시장 조사의 원칙 31 | 4) 구매시장 조사의 유형 32

5. 식품 품질표시와 이력 추적 및 인증 제도 33

1) 식품 품질표시제도 33 | 2) 식품이력추적관리제 46 | 3) 품질 인증제도 52

3 구매관리 조직과 활동

1. 구매관리 조직 62

1) 구매관리 조직의 의의 62 | 2) 구매관리 조직의 체계 62

3) 구매관리 조직의 형태 62 | 4) 구매관리 조직의 직무 64

2. 구매관리 조직의 경영기능 64

3. 구매 담당자의 요건 65

1) 구매 담당자의 인적 요건 65 | 2) 구매 담당자의 업무 66

3) 구매 담당자의 윤리적 자질 68

4 구매 계획과 계약

1. 구매계획의 수립 70

1) 구매계획을 위한 기초조사 70 | 2) 구매계획의 수립 절차 70

2. 구매 유형 73

1) 구매 주체에 따른 구매 73 | 2) 구매기간에 따른 구매 78

3) 계약방법에 따른 구매 80

3. 구매 계약 80

1) 구매 계약의 성립 80 | 2) 구매 계약의 해제 및 해지 80

3) 구매 계약의 방법 81 | 4) 구매 계약기간 88

5 구매활동

1. 구매활동의 이의 92

2. 구매활동의 특성 93

3. 구매절차 93

1) 필요성 인식 93 | 2) 필요한 물품의 수량 및 품질 결정 94

3) 구매청구서 작성 및 승인 95 | 4) 공급업체 선정 95

5) 재고량 조사 및 발주량 결정 98 | 6) 발주 98 | 7) 물품의 배달 및 검수 98

8) 구매 기록의 보관 및 대금 결제 98

6 발주관리

1. 수요 예측 100

1) 주관적 수요예측법 100 | 2) 객관적 수요예측법 101

2. 발주의 개념 103

3. 적정발주량의 결정 103

1) 적정발주량의 비용요인 103 | 2) 발주량 결정 시 고려사항 105

4. 발주방식 105

1) 정기발주방식 105 | 2) 정량발주방식 106

5. 발주량 산출 107

6. 발주절차 108

1) 발주업무의 절차 108 | 2) 구매절차에 따른 장표의 순서 109

7 검수관리

1. 검수의 개념 116

2. 검수 업무 수행의 구비조건 116

1) 검수원 116 | 2) 설비 및 기기 117

3. 검수방법 119

1) 전수검수법 119 | 2) 발췌검수법 119

4. 검수 시 유의사항 120

5. 검수절차 122

1) 배달물품과 구매청구서의 대조 122 | 2) 배달물품과 납품서의 대조 122

3) 물품의 인수 또는 반품 123 | 4) 꼬리표 부착 123

5) 적절한 장소로 운반·저장 123 | 6) 검수의 기록 124

6. 식품의 감별법 127

8 저장관리

1. 저장관리의 개념 136

1) 저장관리의 의의 136 | 2) 저장관리의 원칙 136

2. 저장시설 138

1) 저장시설의 조건 138 | 2) 저장시설의 종류 138

3. 식품별 저장방법 144

1) 곡류 144 | 2) 육류 145 | 3) 어패류 146 | 4) 채소류 및 과일류 146

5) 달걀류 147 | 6) 기타 147

4. 입·출고 관리 149

9 재고관리

1. 재고관리의 개념 152

1) 재고의 정의 152 | 2) 재고관리의 정의 152

3) 재고관리의 기능 153 | 4) 재고관리의 중요성 153

2. 재고관리의 유형 154

1) 영구재고관리시스템 154 | 2) 실사재고관리시스템 156

3. 재고관리의 기법 158

1) ABC 관리기법 158 | 2) 최소-최대관리기법 160

4. 재고자산의 가치평가법 161

1) 실제구매가법 161 | 2) 선입선출법 162 | 3) 후입선출법 163

4) 최종매입원가법 163 | 5) 총평균법 164

5. 재고회전율 165

1) 재고회전율의 의의 165 | 2) 적정 재고 수준의 의의 165

3) 재고회전율과 재고량 및 수요량의 관계 166 | 4) 재고회전율의 계산 167

10 구매정보시스템

1. 전자상거래시스템 170

1) 전자상거래의 개념 170 | 2) 전자상거래의 유형 170

3) 전자상거래의 특징 172 | 4) 전자상거래의 현황 172

2. 전자경매 174

1) 전자경매의 개념 174 | 2) 전자경매의 특징 175

3) 전자경매의 절차 유영상의 차이 175 | 4) 전자경매의 흐름도 176

3. 구매관리의 전산화시스템 177

1) 학교급식 전자조달시스템 178 | 2) 식재료 납품 전문업체 전자조달시스템의 예 185

4. POS 시스템 189

11 구매식품의 분류와 특징

1. 곡류 192

1) 쌀 192 | 2) 보리 193 | 3) 밀 194

2. 서류 197

1) 감자 197 | 2) 고구마 197

3. 두류 198

1) 대두 199 | 2) 팥 199 | 3) 녹두 200 | 4) 강낭콩 200 | 5) 땅콩 200

4. 채소류 203

1) 엽경채류 204 | 2) 근채류 204 | 3) 과채류 204

4) 화채류 204 | 5) 산채류 205

5. 과일류 209

1) 인과류 209 | 2) 핵과류 210 | 3) 장과류 210 | 4) 견과류 210

6. 버섯류 210

1) 표고버섯 211 | 2) 새송이버섯 211 | 3) 양송이버섯 211

4) 목이버섯 212 | 5) 팽이버섯 212

7. 해조류 214

1) 미역 214 | 2) 다시마 215

8. 식육류 216

1) 쇠고기 216 | 2) 돼지고기 217 | 3) 닭고기 218 | 4) 달걀 218

9. 어패류 219

1) 어류 219 | 2) 갑각류 220 | 3) 조개류 220 | 4) 연체류 및 극피류 220

10. 우유 및 유제품 220

1) 시유와 가공유 221 | 2) 연유 221 | 3) 버터 222 | 4) 치즈 222

부록 223 참고문헌 238 찾아보기 241

CHAPTER 1

식품구매 개요

1. 식품구매와 식품구매관리의 개념을 이해한다.
2. 식품구매의 목적과 중요성을 이해한다.
3. 식품 품질의 요소와 특수성을 이해한다.

1. 식품구매 및 식품구매관리의 정의

1) 구매 및 식품구매의 정의

구매purchasing란 경제 주체인 기업 또는 구매자가 거래처와 계약 체결을 통해 물품을 구입하고 대금을 지불하는 경제 행위의 총체적 과정으로, 즉 기업이 경영활동에 필요한 자원들을 외부의 공급업체에서 획득하는 과정이라 정의할 수 있다. 따라서 구매활동에서는 특정 품목, 최적 품질, 적정 수량, 최적 가격, 필요 시기, 최적 공급원 등을 필수적으로 고려해야 한다.

식품구매food purchasing란 구매자가 식품을 구입하기 위해 계약을 체결한 후, 그 계약에 따라 식품을 인도받고 비용을 지불하는 과정으로 정의할 수 있다.

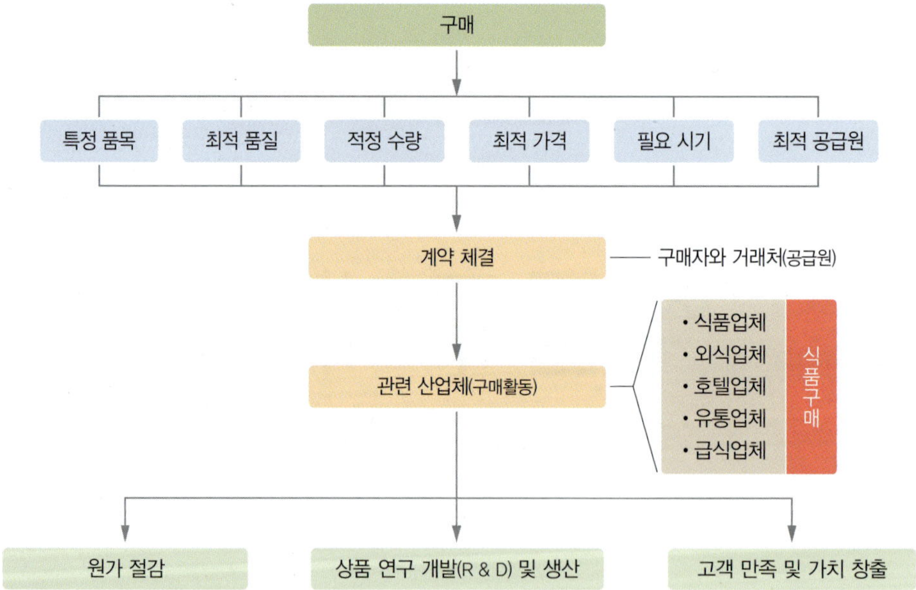

그림 1-1 구매의 개념적 범위

2) 조달의 정의

조달이란 구매와 자재를 포함하는 의미로 구매보다는 광범위한 개념이다. 즉 기업 내·외부에서 이루어지고 있는 재화, 용역, 자금, 통제관리, 검사 등 모든 취득 행위와 관련된 여러 활동으로 정의할 수 있다. 조달과 구매의 개념 차이는 표 1-1과 같다.

표 1-1 조달과 구매의 개념 차이

	조달	구매
의미	• 구매보다 광의의 개념 • 기업 내·외부로부터 무상 획득 또는 자급자족 형태 • 유가물 및 화폐 이외에도 다양함	• 조달보다는 협의의 개념 • 일정한 대가를 지불 • 대금 지불을 통한 가치교환의 수단
대상	• 물자, 용역, 자재, 자금도 포함	• 물자와 용역에 국한

3) 식품구매관리의 정의

구매관리란 생산활동에서 생산계획을 달성할 수 있도록 필요한 물품을 적정 거래처로부터 최적의 품질을 확보하여 적정한 시기에 필요한 수량만큼 최소의 비용으로 구입할 목적으로 구매활동을 계획·통제·실시하는 관리활동을 의미한다.

식품구매관리management of food purchasing는 단체급식 또는 외식업체에서 음식 생산에 필요한 식자재를 확보하기 위한 활동으로 식자재의 구매 계획planning, 구매purchasing, 검수receiving, 저장storage, 재고관리inventory control의 일련의 과정을 포함한다.

2. 식품구매관리의 목적 및 기대효과

식품구매관리의 주목적은 단체급식이나 외식업체에서 음식 생산에 필요한 최고 품질의 식자재를 적절한 시기에 최소의 비용으로 적절한 수량을 구입하기 위해 구매활동을 계획하고, 구입된 식자재를 최적의 품질을 유지하도록 관리하여 양질의 음식을 생산하는 것이다. 따라서 구매하고자 하는 식자재의 특성, 선택 요령, 유통 환경에 대한 충분한 지식이 요구된다. 또 무엇보다도 양질의 식자재를 공급하고 정부의 규정을 충족시키는 믿을 수 있는 적절한 공급자를 선정하여 안전하고 품질 좋은 식자재를 구매하는 것이 중요하다.

구매관리를 효율적으로 실시하면 필요한 물품의 원활한 공급이 가능하고 식품의 원가를 최소화할 수 있으며 공급하는 음식의 품질을 유지할 수 있다.

표 1-2 구매관리의 목적 및 기대효과

구분	내용
목적	• 특정 물품의 안정적 공급 • 최적의 품질 및 가격 유지 • 입·출고 및 저장 관리를 통해 손실률 최소화 • 공급업체와 신뢰도 증진 • 구매 관련 정보조사를 통해 업체의 경쟁력 확보
기대효과	• 물품 공급의 전문성 및 체계성 향상 • 원가 절감과 적절한 가격 형성 • 양질의 제품 생산 및 품질 관리 용이 • 고객 만족 및 매출 증대

3. 식품 구매활동의 의의

급식 및 외식 업체 운영에 필요한 식자재 구매를 위하여 지출하는 비용은 전체 매출에서 많은 부분을 차지하고 있으며 이윤 창출과 음식 품질에도 많은 영향을 주므로, 구매활동은 급식경영에서 핵심적인 기능이라 할 수 있다. 따라서 필요한 식자재의 구매업무를 벗어나 과학적이고 체계적인 관리활동이 필요하며, 구체적인 식품 구매활동은 다음과 같다.

- 용도에 따라 가장 적합한 특정 품목을 찾아 구매한다.
- 용도에 맞는 최적의 품질을 구매한다. 최적 품질이란 최상의 상태가 아니라 사용목적에 맞는 품질을 의미한다.

- 적정 수량이란 단순히 필요량에 의한 발주량이 아니라 물가 변동을 고려하는 등 경제적 구매를 실현하기 위한 발주량을 의미한다.
- 최적 가격이란 최저가가 아니라 소비자가 지불하는 가격에 상응하는 품질을 제공하기 위해 비용의 효율적인 측면을 고려한 가격을 의미한다.
- 구매활동은 필요한 시기에 필요량이 공급되도록 이루어져야 한다. 주문 후 납품까지 시간적으로 지연될 수 있는 가능성을 고려하고, 시장에서의 공급 차질에 대한 위기상황에도 대비할 수 있어야 한다.
- 최적의 공급원이란 구매자가 요구하는 품질의 물품을 일관성 있게 공급할 수 있는 업체를 의미한다. 구매활동이 이루어지는 지역에 따라 대규모 유통업체, 지역 농협, 생산농가 등이 최적의 공급원이 될 수 있다.

급식에서 식품 구매활동이 효율적으로 이루어지면 한정된 예산에서 신선하고 품질이 좋은 식자재 구매를 가능하게 하여 급식 품질과 고객만족도 향상을 기대할 수 있다. 또한 식자재 구매에 지출하는 비용을 절약할 수 있으므로 원가 절감에 도움을 줄 수 있으며, 동시에 이윤 창출을 기대할 수 있다.

외식에서 식품 구매활동이 효율적으로 이루어지면 일정한 음식의 품질 유지를 통하여 고객충성도와 고객만족도를 증대시킬 수 있으며, 이를 통하여 매출 향상과 시장 점유율 향상에 도움이 될 수 있다.

4. 식품 품질의 특수성

식품 구매시장은 일반 상품의 구매시장과는 매우 다르다. 식품에는 일반 상품과는 다른 품질의 특수성이 있기 때문이다. 효과적인 식품구매와 올바른 식품 구매관리를 위해서는 이러한 식품 품질의 특수성을 잘 이해해야 한다.

1) 식품 품질의 특수성

(1) 원료의 다양성

식품의 원료는 자연의 1차 생산물이므로 균일한 품질의 원료를 구매하기가 어렵다. 대부분의 농산물은 재배지역, 기후, 수확 시기와 방법에 따라 성분과 모양이 달라지므로 이를 이용한 가공식품도 그 원료의 상태에 따라 품질이 다양해진다.

(2) 변질 가능성

식품의 원료인 농산물, 수산물, 축산물과 같은 원물식품뿐만 아니라 가공식품도 유통과정에서 쉽게 변질될 수 있으므로 수확 후 가공하는 과정 중에 보존과 관리 상태가 최종 제품의 품질에 영향을 미칠 수 있다. 따라서 부적절한 저장이나 유통관리는 식품의 품질 변화를 초래하고 안전성을 위협할 수 있다.

(3) 영양 품질

식품은 생명을 유지하는 영양소를 공급하지만 그 영양소의 가치는 외관으로 감지할 수가 없다. 특히 원료의 원형을 파괴한 가공식품의 경우 영양 품질에 대한 적절한 표시가 없이는 그 식품의 가치를 판단할 수 없다. 따라서 식품의 성분 조성과 품질 규격을 알리는 표시기준이 필요하다.

(4) 기호의 다양성

식품에 대한 기대가치는 개인에 따라 다르다. 개인적인 습관에 따라 형성되는 기호는 일정 식품에 대해서도 각기 다르므로 식품을 규격화하기는 쉽지 않다.

(5) 품질 검증

식품의 품질은 먹어봐야 알 수 있으나 매번 먹어 보고 살 수는 없다. 우선 판매 시 대체적으로 시식이 허용되지 않으며, 특히 식품의 안전성을 위협하는 이물질, 부패 및 병원성 세균의 증식으로 오염된 식품을 섭취할 경우 위험을 초래할 수 있다. 따라서 식품 구매담당자는 이러한 식품의 특수성과 품질요소에 대해 충분히 이해해야 한다.

2) 식품의 품질요소

식품의 품질을 구성하는 요소는 크게 양적 요소, 영양적 요소, 기호성 요소, 위생안전성 요소로 나눌 수 있다. 구매담당자는 검수단계에서 품질요소에 대한 이해와 품질 평가방법에 대한 지식이 필요하다.

(1) 양적 요소

식품의 품질 평가 시 1차적인 요소로 무게, 부피, 개수, 고형분 함량 등 양적으로 측정하고 계산할 수 있는 것들이다. 식품 검수 시 1차 업무가 구매식품의 포장에 명시된 제품의 종류와 양이 정확한지를 확인하는 일이다.

(2) 영양적 요소

단백질, 지방, 탄수화물, 비타민 및 무기질 함량과 열량 등 인체에 필요한 영양소의 공급능력을 의미한다. 이는 식품의 1차적인 기능으로 대단히 중요하며, 식품의 종류에 따라 그 함량을 명시하고 지키도록 식품 관련 법령에 규정되어 있다.

(3) 기호성 요소

시각, 미각, 청각, 후각, 촉각 등 감각기관에 의해 평가되는 요소로 식품의 겉모양, 맛, 냄새, 조직감으로 분류할 수 있다.

(4) 위생안전성 요소

식품의 원료에 오염된 잔류농약과 항생물질, 유해미생물에 의한 오염 유무, 이물질과 독소물질의 혼입, 첨가물 사용 등에 관한 요소이다. 유전자 변형체와 이를 이용한 가공식품은 인체에 대한 안전성이 확인되지 않았기 때문에 포장에 표시하여 구분·유통하고, 방사선 조사 처리 여부를 표시해야 한다.

CHAPTER 2

식품 구매시장과 유통체계

1. 식품 유통체계의 특성과 문제점을 이해한다.
2. 식품 유통경로와 시장의 특성을 이해한다.
3. 도매시장의 종류와 주요 기능을 이해한다.
4. 식품 품질표시와 이력 추적 및 인증 제도를 이해한다.

1. 시장

1) 시장이란

시장market은 구매자와 공급자, 가격 형성, 물품 소유권의 이전과 같은 3요소를 구비하고 있는 유효 구매자의 집합으로, 상품과 소유권이 생산자에게서 소비자에게 인도되는 장소로 정의할 수 있다. 또한 대상 제품이나 서비스를 구매하거나 구매 가능성을 지닌 소비자 또는 기업의 집합체로 정의할 수도 있다. 과거의 시장은 물품 교환에 의한 소유권 이전의 장소였으나, 오늘날에는 생산된 상품의 수송·가공·포장·판매까지의 모든 경로를 포함한다. 특히 식품시장의 상품인 농·수·축산물은 저장수명이 짧아 쉽게 부패하고 품질 저하의 문제가 발생하기 때문에 각 단계에서의 유통경로와 품질관리가 매우 중요하다.

2) 시장의 기능

- 구매정보의 획득 기능 : 판매자와 구매자 간의 정보 교환의 장소로 시장 변화 및 동향, 신제품 등에 관한 정보를 빠르게 얻을 수 있다.
- 교환 기능 : 판매자에게서 구매자에게로 물건과 서비스의 소유권이 이전되고, 이에 대한 대가로 구매자는 판매자에게 대금을 지불하며 물품과 대금의 교환이 이루어지는 장소이다.
- 물품 공급 기능 : 생산자 및 판매자로부터 구매자에게로 물품이 이동·공급되는 실질적인 장소이다.
- 경영활동의 수행장소 : 장부 정리, 대금 지불, 연체대금의 수금, 문서 전달 등을 수행하는 장소의 기능이 있다.

3) 식품시장의 종류

식품시장food distribution market은 유통경로와 지역의 위치에 따라 1차 시장, 2차 시장,

지역시장으로 구분할 수 있다.

- 1차 시장(산지시장) : 주로 산지 근처에서 형성되며 물품 공급의 기본 원천이 되는 시장으로 어촌의 수산시장, 농촌의 청과물시장 등이 포함된다.
- 2차 시장(도매시장) : 소비지역에 근접하여 1차 시장으로부터 식품을 대량으로 구입한 후 지역시장에 분배하는 역할을 하는 시장으로, 소비자와 생산자를 연결하는 기능을 가진 산지 도매시장과 소비지 도매시장이 있다.
- 지역시장(소매시장) : 유통과정의 최종 단계로 최종 소비지에서 형성되는 지역시장으로 소비자의 욕구와 기호에 맞춰 상품과 서비스를 제공하는 시장이다. 이 소매시장은 도매시장의 가장 중요한 상품구매자로서 그 형태와 유형도 다양하며 슈퍼마켓, 할인점, 편의점 등도 여기에 속한다.

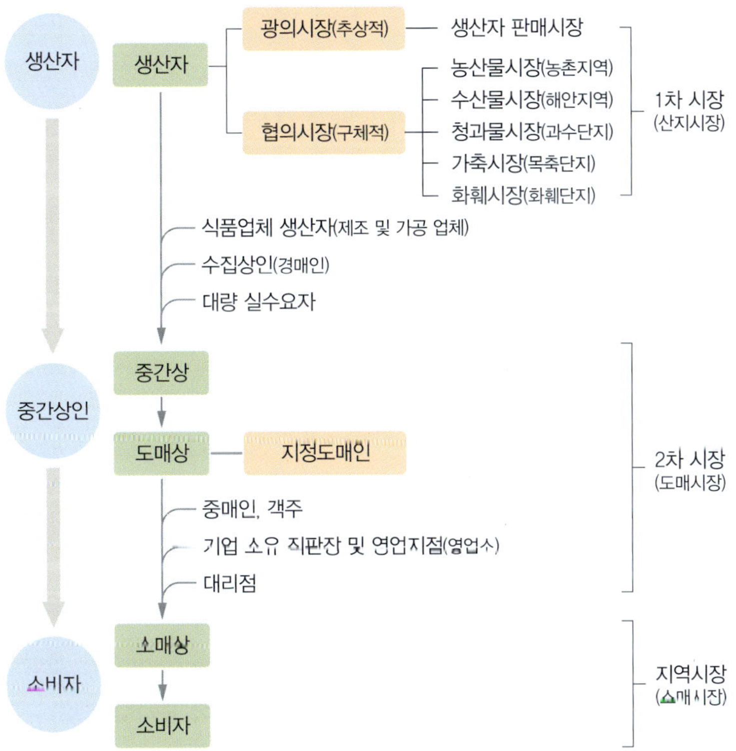

그림 2-1 식품시장의 분류

2. 식품 유통체계

1) 식품 유통체계의 개념 및 문제점

식품 유통체계food chain system란 식품이 생산, 가공, 분배되는 시스템을 의미하며 이 체계를 통해 식품은 생산단계에서 다양한 중간 유통단계인 도매시장과 소매시장을 거쳐 최종 소비자에게 도달한다.

식품 유통체계에는 외적인 요인으로 경제, 정치, 도덕, 법률, 기술 등이 중요한 영향을 미친다. 그러나 가장 중대한 영향력의 요인은 제품을 구입하는 소비자이다. 따라서 구매담당자는 소비자가 원하는 제품과 선호하는 제조·포장·운송 방법 등을 충분히 파악하고 동시에 식품시장을 둘러싼 다양한 외부 요인의 변화에 대해서도 항상 주의를 기울여야 한다.

식품은 획일적으로 생산되는 공산품과 다르므로 식품의 유통체계상 다음과 같은 문제점이 있다.

- **생산 수급의 불안정** : 농수산물은 기후 변화와 천재지변, 지구 온난화로 인한 기상이변에 따라 안정적인 생산과 공급이 불안정할 수 있으며, 개별 농가에 의해 생산량이 결정되므로 소비자의 구매계획에 많은 영향을 줄 수 있다.
- **계절에 따른 가격 변동폭의 심화** : 농수산물은 성수기와 비수기가 뚜렷하여 비수기에는 저장으로 인하여 품질이 떨어지지만 가치가 상승하여 가격도 상승한다. 반면 성수기에는 유통량이 증가하여 가격 하락폭이 커지는 문제점이 있다.
- **품질 유지·관리의 어려움** : 농수산물은 저장수명이 짧아 쉽게 변질·부패되고 시간 경과에 따라 품질이 급격이 저하되므로 상품성 유지에 어려움이 있다.
- **규격화·표준화 어려움** : 공산품은 규격화 및 표준화가 용이하지만 농수산물은 동일 품종이라도 생산품의 품질 표준화 및 규격화가 어려워 유통에 문제점이 많다. 이러한 문제점을 극복하기 위해 「농산물품질관리법」을 제정하여 표준 규격과 물류 표준을 제시하고 있으며, 축산물의 경우 축산물등급제도를 제정하여 실시하고 있다.
- **과다한 운송비** : 농수산물은 가격에 비해 상대적으로 무게와 부피가 크고 저장수명이

짧아 적절한 냉장·냉동 시설이 필요하고 운반 및 수송에 많은 비용이 소요된다.

- 생산농가의 영세성 : 농수산물은 생산농가가 전국적으로 분산되어 있고 생산규모가 영세하며 소규모 분산 출하가 주를 이루고 있어 유통시장의 교섭력이 약하고 경쟁력이 부족하다.

2) 식품 유통경로 및 식품 유통시장

시장이란 경제학적으로 상품과 소유권이 생산자에게서 소비자에게 인도되는 장소로 정의할 수 있다. 과거의 시장은 물품 교환에 의한 소유권 이전의 장소였으나, 오늘날에는 그 기능도 다양해져 생산된 상품의 수송, 가공, 포장, 판매까지 모든 경로를 포함한다. 특히 식품시장의 상품인 농축산물은 저장수명이 짧아 쉽게 부패하고 품질 저하의 문제가 발생하기 때문에 각 단계의 유통경로관리와 품질관리가 매우 중요하다.

유통distribution이란 생산자에 의해 생산된 제품이 소비자가 최종 구매하기까지 유통경로의 여러 단계를 거칠 때 수행되는 연속적 활동을 의미한다. 유통경로distribution channel란 생산자로부터 소비자에게로 제품과 소유권이 이전되는 여러 활동을 담당하는 중간상들의 상호 연결과정을 말한다. 일반적인 유통경로와 음식점 및 급식소에서의 식재료 유통경로는 그림 2-2, 그림 2-3과 같다.

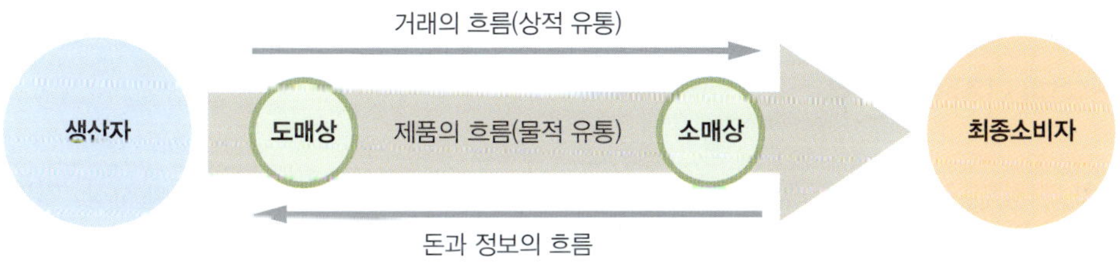

그림 2-2 일반적인 유통경로의 흐름

출처 : 홍기운 외, 2003

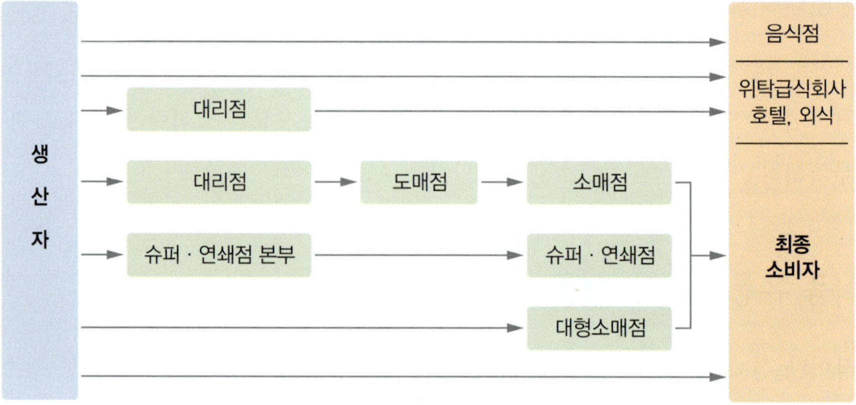

그림 2-3 제조업체의 일반적인 유통경로

3. 도매시장

도매시장이란 상설시장으로 최종소비자 이외의 사람에게 물품의 매매, 교환, 기타 용역을 제공하는 시장을 말하며, 농수산물 도매시장은 지자체들이 양곡류, 청과류, 어류, 해조류, 조수육류 등 품목의 전부 또는 일부를 도매하기 위하여 농림축산식품부 장관 또는 도지사의 허가를 받아 관할 지자체에 개설하는 시장이다. 대량 농수산물의 원활한 유통과 적정가격 유지 및 생산자와 소비자를 보호함으로써 국민생활 안정 도모를 위해 개설되었다.

1) 도매시장의 분류

2차 시장인 도매시장은 정부투자 여부에 따라 공영도매시장, 일반법정도매시장, 민영도매시장으로 분류할 수 있다.

(1) 공영도매시장

지방자치단체가 농수산물의 도매 거래를 위해 중앙과 지방정부의 공공투자에 의해 도시지역에 개설한 시장으로, 1976년 12월 「농수산물 유통 및 가격안정에 관한 법률(농안법)」

이 제정된 후 농수산물 유통의 원활화와 적정 가격 유지를 위해 운영되고 있다. 1985년 가락동 농수산물도매시장 개방을 시작으로 2018년 현재까지 총 32개의 공영도매시장이 운영 중에 있다. 2016년 기준 국내 청과물 중 60.6%가 도매시장을 경유하여 소비자에게 공급되고 있다. 도매시장의 주요 유통주체인 도매시장법인은 농업인으로부터 농산물의 판매를 위탁받아 경매 또는 정가·수의 매매를 통해 중도매인에게 판매한 후 판매금액의 4~7%의 수수료를 받는 형태로 수익을 창출하고 있다.

(2) 일반법정도매시장

지방자치단체가 자체투자 또는 민간투자로 건설 후 개설자와 기부체납 또는 무상임대계약을 하고 농수산물의 도매 거래를 위해 시 지역에 개설한 시장으로, 개설자는 지방자치단체이다. 서울 양재동 양곡도매시장 외에 13곳이 있다.

(3) 민영도매시장

농산물의 도매 거래를 위해 시 지역에 당사자가 투자하여 부지를 확보하고 건설한 후 특별시·광역시·도로부터 개설 허가를 받아 민간이 개설·운영하는 도매시장으로, 개설자가 민간이라는 점에서 일반법정도매시장과 구분된다. 현재 논산시와 군산시에 있는 청과물도매시장이 여기에 속한다.

2) 도매시장의 기능

도매시장은 전통적으로 농산물의 수집·분산, 가격 형성, 상품 구색, 대금 정산 등의 중요한 역할을 수행하고 있다. 그러나 소비지 거래처가 요구하는 상품성 유지, 가격 안정, 물류 등의 기능은 취약한 편이다. 또 불특정 다수의 생산자가 출하한 농산물을 취급하기 때문에 품질의 균일성이 떨어지고 식품의 안전성에 대한 우려가 있어 기존의 잔류농약 검사와 더불어 산지에서 표시된 등급에 대한 검품기능 등 효과적인 품질관리 시스템의 도입이 필요하다.

도매시장에서는 주요 거래처인 소비지 대형유통업체, 소매상 등 중소유통업체, 외식 및 급식 업체 등에 대해 도매시장법인과 중도매인이 공동으로 차별화된 판촉활동을 전개할 필요가 있다. 예를 들면 대형유통업체에 대해서는 특정 품질의 농산물 공급을 확대하고, 소매상 등 중소유통업체에 대해서는 배송장 확충 등 현장의 판매기능을 강화하며, 외식업체와 급식업체에 대해서는 배송 서비스를 촉진하는 것이다. 또 도매시장의 주요 거래처인 소매상 등 중소 유통업체와 외식업체 및 급식업체에 대한 고객카드제를 도입함으로써 고정적인 거래처를 확보하며, 시장 소식지 등을 통해 정보를 제공하여 고객과의 의사소통을 강화해야 한다. 도매시장의 주요 기능은 다음과 같다.

- 가격 형성기능 : 공개경매제도에 의한 균형가격을 형성함으로써 한 시장 내에서 수요자와 공급자 간에 2개 이상의 가격이 형성되는 것을 막아 적정 가격으로 거래될 수 있도록 한다.
- 배급 및 분산 기능 : 도매시장에 집하된 농수축산물의 수급을 고려하여 적절하게 소매시장으로 배급되도록 저장, 운송, 분산 등의 기능을 담당한다.
- 유통정보 전달 및 경비 절약 기능 : 시장동향, 가격 등 각종 유통 관련 정보의 수집과 전달기능이 있으며, 대다수의 구매자와 판매자가 한 장소에 모여 거래함으로써 유통과 구매에 관한 경비를 절약할 수 있다.
- 수급 조절기능 : 도매시장법인과 중도매인에 의한 물량 반입, 반출, 저장, 보관 등을 통해 농수산물의 공급량을 조절하며, 가격 변동을 통해 수요량을 조절하여 수요와 공급을 원활하게 하고 통제함으로써 효과적인 물가정책을 수행한다.
- 거래안전성 보장기능 : 시장 안에서 필요한 상법의 범위 내에서 거래가 형성되어 신뢰가 확보된다.
- 물가정책의 수행(세금 증대) : 도매시장은 대량 집하 및 분산을 간접적으로 통제·조절하고 탈세를 방지하여 효과적인 물가정책을 수행할 수 있다.

현재 도매시장을 통한 거래체계는 그림 2-4와 같이 도매시장법인 공판장을 중심으로 경매·입찰·정가·수의 매매를 원칙으로 중도매인과 소매상을 통해 소비자에게 전달되며, 여기에 매매참가인과 시장도매인 등 생산품 또는 유통특성에 따른 판매경로의 다양성을 확보해 도매인 간 경쟁을 통해 가격 안정성을 유지하고 있다. 다음 그림 2-5는 도매시장을 중심으로 농수산물의 거래체계를 나타낸다.

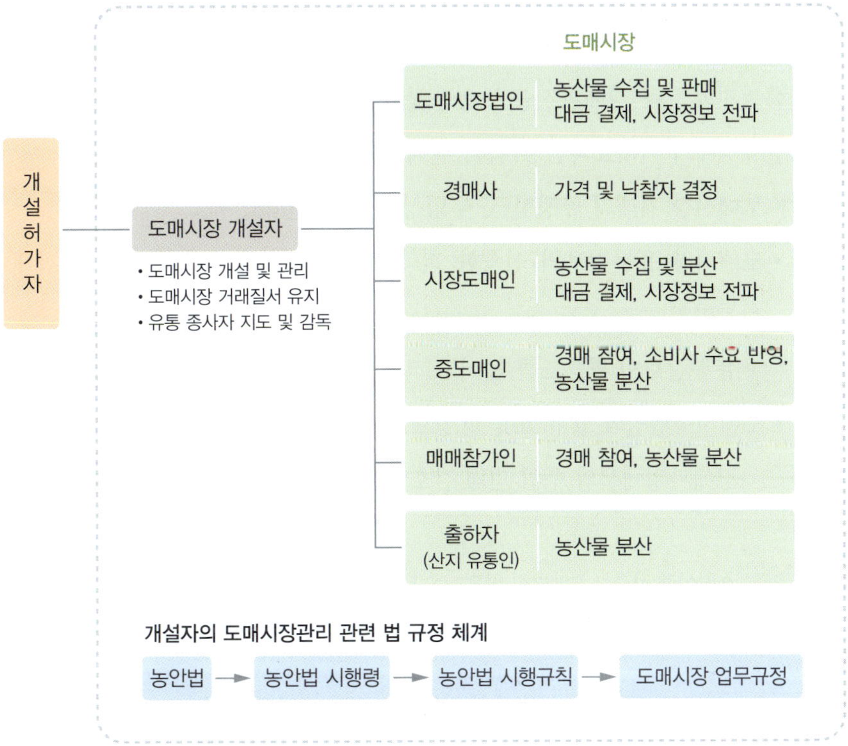

그림 2-4 도매시장의 거래체계 및 종사자의 주요 역할
출처 : 진주 농산물도매시장 홈페이지(http://market.jinju.go.kr)

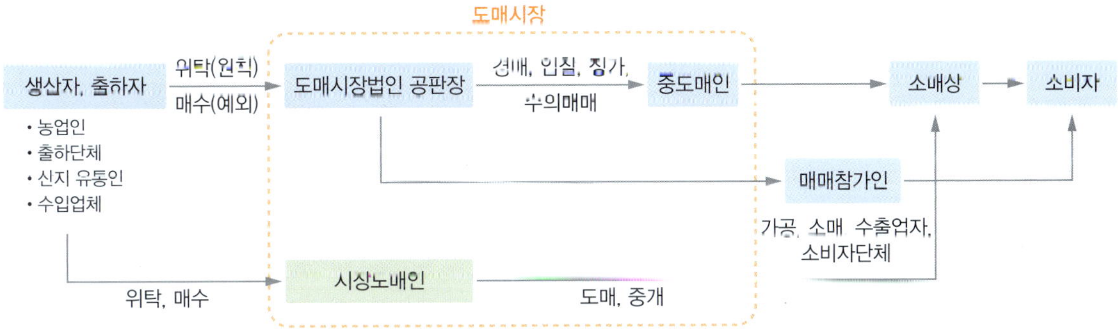

그림 2-5 농수산물 거래체계의 현재

3) 도매시장의 경매과정

도매시장에서는 공개경매과정을 거쳐 생산자와 판매자 간에 합의된 상품가격을 형성할 수 있으며, 그 방법으로 수지식과 전자식이 있다. 전자식은 수지식의 전체 단계, 즉 낙찰 및 기록까지의 모든 경매과정을 무선응찰기를 사용하여 전산으로 자동화한 것이다.

전자경매의 기대효과는 다음과 같다.

- 도매시장 거래의 공정성 및 투명성 확보로 신뢰성 제고
- 도매시장 유통정보의 신속한 전파로 생산자의 출하처 선택의 폭 확대 및 도매단계의 유통마진 축소 유도
  - 유통정보의 활용도를 높이고, 생산자 출하 조절에 기여
- 도매시장법인의 업무 효율 향상으로 경쟁력 증대
  - 경매과정에서의 투입 인력 감소로 인건비 절감 및 정보 처리 신속·정확성 확보

표 2-1 수지식과 전자식 경매방식 비교

구분	방식			
수지식	말	손가락	여러 사람 손가락	말
전자식	벨, 점등	응찰기	모니터	버튼

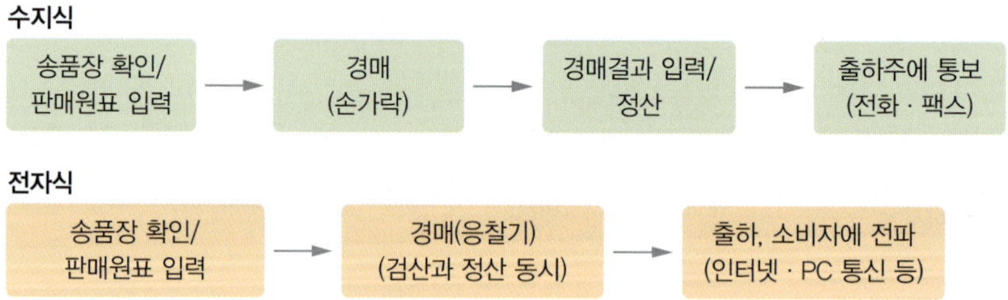

그림 2-6 수지식과 전자식의 경매과정

4) 도매시장의 종류

도매시장은 식품의 종류에 따라 양곡시장, 농수산물시장, 축산물시장으로 분류할 수 있다.

(1) 양곡시장

현재 서울특별시 농수산식품공사가 관리·운영하고 있는 양곡도매시장에서는 60여 명의 중도매인이 전국에서 생산된 쌀, 찹쌀, 보리, 콩, 팥, 수수, 참깨 등의 양곡류를 정량 포장하여 거래하고 있으며, 백화점, 할인점, 슈퍼마켓 등 대형 소매업체뿐만 아니라 소량으로 구매하는 일반 소비자들에게도 도매가격으로 시중보다 저렴하게 판매하고 있다. 거래물량은 연간 5만여 톤에 이르며 1일 평균 거래물량은 160톤이다.

양곡도매시장의 개설목적은 다음과 같다.

- 공공투자에 의한 근대적 시장 형성 : 대량물량의 신속·공정 거래
- 시장기능을 통한 양곡 수급 조절 : 가격 안정 도모
- 신속한 유통정보 전파 : 전국 양곡 거래의 기준가격 형성
- 민간부문 양곡 유통기능 활성화 : 정부의 시장 개입 범위 축소

(2) 농수산물시장

농수산물의 원활한 유통과 적정 가격의 유지로 생산자와 소비자의 이익을 보호하고 국민생활의 안정에 기여하기 위해 농림축산식품부 장관의 개설 허가에 따라 농수산물 유통단계의 양 끝에 있는 생산자와 소비자 간의 도매거래를 지원하고자 공공기관에 의해 도시지역에서 운영된다.

농수산물시장에서는 농수산물의 수급 조절과 안정된 가격 형성, 공정한 거래와 유통경비 절감을 통해 보다 싼 가격으로 판매가 이루어지며, 서울특별시 가락동 농수산물도매시장이 대표적인 예이다.

그림 2-7 가락동 농수산물도매시장(서울시농수산식품공사) 홈페이지

(3) 축산물시장

전국의 축산농가에서 매시간 배송되는 축산물과 수입육을 취급하며, 좀 더 저렴하면서 양질인 육류를 공급하고자 시중 대형마트보다 0~30% 저렴하게 판매하고 있다. 축산물 가격과 수급 안정에 지대한 영향을 끼치는 축산물시장은 3,000여 개소의 점포에 12,000여 명이 종사하고 있으며, 매년 200만 명의 소비자가 이용하고 있다. 세계 최대 규모의 육류 유통 전문시장인 서울 마장동의 축산물시장이 여기에 속한다.

4. 구매시장 조사

1) 구매시장 조사의 정의

시장조사market research란 구매시장의 실태 및 상황에 대한 자료를 수집하고 분석·검토하여 결과를 구매활동에 적용하는 것이다. 시장조사를 통하여 구매방침의 결정, 비용 절감, 이익 증대를 도모하여 장래의 구매시장을 예측할 수 있다. 구매시장 조사의 의의는 표 2-2와 같다.

표 2-2 구매시장 조사의 의의

구분	내용
신제품 설계	재료의 종류, 적합성, 구입처, 구입시기의 조사
제품 개선	제품의 품질 및 공정개 선
원가 절감	공정개선을 통한 원가절감 및 대체 재료의 활용
경제적 유리성	품질, 가격, 선도 등 경쟁적 우위 확보
예정가격의 결정	구입가격 및 판매가격 책정을 위한 기준 제시
효율적인 구매계획 수립	구매거래처, 구매시기, 가격, 구매수량의 계획 수립

2) 구매시장 조사의 내용

구매계획은 급식소 운영에 필요한 발주, 검수, 저장 및 재고, 조리 등 일련의 과정에 많은 영향을 주므로 매우 중요하다. 효율적인 구매계획 수립을 위해 철저한 구매시장 조사가 이루어져야 하며, 구매시장 조사의 내용은 표 2-3과 같다.

표 2-3 구매시장 조사의 내용

구분	내용
품목	구매품목의 제조업체, 대체품을 고려하여 구매리스트 확정
품질	요구되는 품질과 가격 대비 사용 가치 확인
수량	보관 및 저장 용량을 고려해 구매수량을 정함
가격	물품의 가치와 거래조건 변경 등을 통한 가격의 조정 및 결정
구매시기	납품가격, 사용시기, 물가 등을 고려하여 구매시기 결정
구매거래처	복수거래 및 상시 공급 가능한 업체 선정
거래조건	인수 및 지불 조건, 계약사항 등의 조건 확립

3) 구매시장 조사의 원칙

(1) 비용 경제성의 원칙

구매시장 조사는 인적·시간·소요비용이 최소가 되어야 하며, 시장조사에 소요되는 비용과 구매의 효율성 간에 조화가 이루어져야 한다. 시장조사의 비용이 구매 후 발생하는 이익을 초과해서는 안 되며 상호 경제성이 전제되어야 한다.

(2) 조사 적시성의 원칙

구매시장 조사는 조사 자체에 목적이 있는 것이 아니라 필요한 시기에 실세적인 구매가 되도록 정보를 제공해야 하므로 정해진 시간 안에 꼭 이루어져야 한다. 또한 조사기간이 길어지면 비용이 추가로 발생하여 손실을 가져올 수 있으며 구매시기를 놓칠 수도 있다.

(3) 조사 탄력성의 원칙

구매활동은 시장 및 계절 등 여러 환경요인에 의해 항시 변동이 발생할 수 있으므로 시장상황 변동과 정책 변화에 능동적으로 대응할 수 있어야 한다.

(4) 조사 계획성의 원칙

구매시장 조사는 정확하게 이루어져야 하므로 시장조사에 앞서 구체적인 계획이 수립되어야 한다. 계획 없이 이루어지는 시장조사는 원칙에도 위배되고 구매활동 및 급식경영에도 유용한 정보를 전달할 수 없다.

(5) 조사 정확성의 원칙

구매시장 조사는 구매시장 실태에 대한 정확한 정보를 전달해야 한다.

4) 구매시장 조사의 유형

구매시장 조사는 구매원가 절감과 조직의 이익 증대를 위해 네 가지 유형으로 구분하여 조사할 수 있다.

(1) 기초 시장조사

가장 기본적인 시장조사를 의미하며, 기업의 구매정책을 결정하기 위해 시행하는 것으로 관련 업계의 동향, 가격 현황, 관련 업체의 수급 동향, 거래처의 대금 결제방법 등을 조사한다.

(2) 품목별 시장조사

현재 구매가 필요한 물품의 가격 변동과 수급 현황을 조사하는 것으로 구매물품의 가격 산정과 구매수량을 결정하기 위한 기초자료로 활용한다.

(3) 구매거래처별 시장조사

특정업체와 지속적으로 거래를 유지하기 위해 실시하는 조사로 주거래업체의 일반적인 상황, 재무상태, 손익구조, 품질관리, 생산 상황, 제조원가, 성장성, 경영관리 등을 조사한다.

(4) 유통체계별 시장조사

유통의 건전성을 알아보기 위해 실시하는 조사로 생산에서 소비에 이르기까지 유통단계별 제품, 가격, 유통경로, 촉진 등을 조사한다.

5. 식품 품질표시와 이력 추적 및 인증 제도

1) 식품 품질표시제도

식품 품질의 표시는 생산자와 소비자를 연결하는 수단으로, 해당 표시제도를 통해 제품의 우수성 등 올바른 정보를 제공하여 소비자의 '알고 선택할 권리'를 보장하기 위한 것이다. 따라서 식품 품질의 표시는 특히 소비자가 가공식품을 선택할 때 중요한 기준으로 작용하며, 현재 국내에서는 원산지 표시, 유전자변형농산물GMO 표시, 가공식품에 대한 일반표시를 의무조항으로 규정하고 있다.

(1) 의무표시 조항

① 원산지표시제

농산물 수입 개방으로 값싼 외국산 농산물이 무분별하게 수입되고 이들 농산물이 국산으로 둔갑하여 판매되는 부정 유통사례가 증가하면서 1991년 7월 1일 '농산물 원산지표시제'가 국내에 처음으로 도입되었다. 2008년 7월부터는 일반판매점뿐만 아니라 음식점에서도 원산지를 표시하도록 시행 범위가 확대되었다.

원산지표시제는 국내에서 유통되는 농산물 및 그 가공품과 음식점에서 판매되는 축산물, 쌀, 배추김치, 콩에 대한 원산지 표시로 소비자의 알 권리와 선택권을 보장하고 유통질서를 확립하여 생산 농업인과 소비자를 모두 보호하기 위한 제도이다. 원산지는 농산물 등이 생산 또는 채취된 국가 또는 지역을 말하며, 농산가공품의 경우 사용된 원료농산물의 함량 순위에 따라 그 원산지를 표시한다.

국가 간 거래에서 원산지 표시는 그 물품이 생산된 국가를 나타내며, 국내에서 생산된 농산물의 경우 국산인지 여부와 생산한 지역명을 표시한다(예 국산 또는 국내산, 충청남도 서산시). 수입농산물, 원료, 수입가공품은 생산된 곳이 국외일 경우 'Made in 국명' 또는 'Product of 국명'을 한글, 한문, 영문으로 표시한다(예 Made in China 또는 Product of China).

② 음식점원산지표시제

음식점원산지표시제 대상 업소는 일반음식점(일반음식점, 뷔페, 예식장, 장례식장 등), 휴게음식점(패스트푸드점, 분식점 등), 위탁급식영업, 집단급식소(학교, 기업체, 기숙사, 공공기관, 병원 등 상시 1회 50명 이상 급식)으로 현재 의무대상은 농산물 9종, 수산물 12종 등 총 21종이다.

- 의무표시 대상품목
  - 농산물(9종) : 소, 돼지, 닭, 오리고기, 양고기, 염소고기, 쌀(밥, 죽, 누룽지), 배추김치(배추, 고춧가루), 콩(두부류, 콩국수, 콩비지)
  - 수산물(12종) : 넙치(광어), 조피볼락(우럭), 참돔, 미꾸라지, 뱀장어(민물장어), 낙지, 고등어, 명태, 갈치, 오징어, 꽃게, 참조기 수족관의 살아있는 수산물
- 잘못된 원산지 표시 사례
  - 쇠고기(미국산, 호주산), 돼지고기(국내산, 벨기에산, 칠레산)
  - 배추김치(국내산/중국산), 미꾸라지(국내산, 중국산)

  ※ 원산지를 표시할 때 여러 수입국가명을 나열해 표시하는 것은 잘못된 표시로 "혼동표시"에 해당되어 처벌대상으로 "고발" 조치된다.

원산지 표시에 대한 자세한 내용은 국립농산물 품질관리원 홈페이지(www.naqs.go.kr) 하단의 원산지 표시종합안내서비스에서 확인할 수 있다.

③ 유전자변형식품제

유전자변형genetically modified, GM식품이란 안전성 평가심사를 거친 유전자변형생물체

알아두기

Q. 원산지를 거짓 표시하거나 미표시하면 어떻게 되나요?

A. ❶ 원산지 거짓 표시에 대한 처분기준

- 형사처분 : 7년 이하의 징역 또는 1억 원 이하의 벌금
  (상습위반자: 1년 이상 10년 이하 또는 500만 원 이상 1억 5천만 원 이하)
  ※ 원산지 거짓 표시로 형이 확정된 후 5년 이내에 다시 거짓 표시로 적발될 경우
- 과징금 : 위반금액의 5배 이하(최고 3억 원 이하)의 과징금
  ※ 2년간 2회 이상 원산지 표시기준(거짓 표시 등)을 위반한 경우
- 위반업체 공표 : 농관원, 농식품부, 시·도, 시·군·구, 한국소비자원, 인터넷 정보 제공 사업자 홈페이지 등에 공표
  (영업소 명칭, 주소, 위반내용 등)
- 원산지 위반자 의무교육 : 농축산물 원산지표시제도 교육 이수
  ※ 교육 이수명령 통지를 받은 날부터 3개월 이내

❷ 원산지 미표시 등에 대한 처분기준

구분	과태료 금액				
	위반행위		1차	2차	3차
과태료	쇠고기 원산지 미표시		100만 원	200만 원	300만 원
	쇠고기 식육 종류 미표시		30만 원	60만 원	100만 원
	돼지, 닭, 오리, 양, 염소(유산양 포함)고기, 쌀, 배추김치(배추, 고춧가루), 콩 미표시		품목별 30만 원	품목별 60만 원	품목별 1,000만 원
	수산물 표시대상 12품목 미표시		품목별 30만 원	품목별 60만 원	품목별 1,000만 원
	살아있는 수산물 미표시		5~1,000만 원 이하		
	표시방법 위반		미표시 과태료 금액의 1/2 (5~1,000만 원 이하)		
	영수증 등의 미비치 「농수산물의 원산지표시에 관한 법률」 제8조 관련	관련 법에 따라 영수증이나 거래내역서 등을 비치·보관하지 않은 경우	20만 원	40만 원	80만 원
위반업체 공표	미표시 2회 이상 위반 시 공표(공표내용은 거짓 표시와 동일)				
원산지 위반자 의무교육	미표시 2년 이내 2회 이상 위반 시 교육 이수명령 통지를 받은 날부터 3개월 이내 원산지 표시제도 교육 이수 ※교육 미이수 500만 원 이하의 과태료				

Q. 음식점 내의 냉장고, 식자재 보관창고 등에 보관·진열 중인 식재료도 원산지를 표시해야 하나요?

A. 표시대상 21개 품목에 대해서는 모두 원산지 표시

음식점 원산지 표시대상 농축산물과 그 가공품을 보관·진열하는 경우에는 제품 포장재에 표시하거나 냉장고 등 보관장소 또는 보관용기별 앞면에 일괄하여 표시. 다만, 거래명세서 등을 통해 원산지를 확인할 수 있는 경우 보관장소 등에 원산지 표시 생략 가능(개정·시행 : 2019.9.10.)

표시대상 21개 품목에
해당되는 식재료마다
원산지 표시

냉장고 앞에
표시대상 21개 품목에 해당되는
식재료 원산지를 표시하여 부착

품명	원산지
쇠고기	국내산 육우
닭고기	브라질산
삼겹살	칠레산
배추김치	중국산
고등어	러시아산

Q. 음식점의 원산지 표시는 어떻게 해야 하나요?

A. ❶ 원칙 : 음식명 바로 옆이나 밑에 표시대상 원료인 농축산물명과 원산지 표시

글자 크기	메뉴판 또는 게시판 등에 적힌 음식명 글자 크기와 같거나 크게 표시
표시 위치	음식명 바로 옆이나 밑에 표시
동일 품목의 혼합 표시	섞음 비율이 높은 순서대로 표시
표시대상 품목 혼합	각각의 원산지 표시
배추김치	배추와 고춧가루 함께 표시

메뉴판

삼계탕(닭고기 : 국내산)
불고기(쇠고기 : 호주산과 국내산 한우를 섞음)
함박스테이크(쇠고기 : 미국산, 돼지고기 : 국내산)
모둠회(넙치 : 국내산, 참돔 : 중국산, 볼락 : 러시아산)
배추김치(배추 : 국내산, 고춧가루 : 중국산)

※ 단, 조리 용도(방법)에 따라 원산지가 다른 경우 용도별로 각각 원산지 표시

❷ 음식점 형태에 따라 원산지 표시사항 부착 위치 확인

음식점 형태		표시방법
㉠ 일반음식점·휴게음식점		(기본) 사용 중인 모든 메뉴판 및 게시판 (추가) 취식장소가 벽(칸막이 등)으로 구분될 경우 취식장소별로 원산지 표시 추가
위탁급식소·집단급식소	㉡ 일반	(기본) 월간 메뉴표, 메뉴판, 게시판 또는 푯말 등을 사용하여 소비자가 원산지를 쉽게 확인할 수 있도록 표시
	㉢ 교육·보육시설 등 미성년자 대상 영업	(기본) 월간 메뉴표, 메뉴판, 게시판 또는 푯말 등을 사용하여 소비자가 원산지를 쉽게 확인할 수 있도록 표시 (추가) 원산지가 적힌 주간 또는 월간 메뉴표를 작성하여 가정통신문이나 교육·보육시설 등의 인터넷 홈페이지에 추가 공개
	㉣ 장례식장, 예식장, 병원 등에서 영업	(기본) ㉠ 또는 ㉡ 또는 ㉢ (허용) 비자가 쉽게 볼 수 있는 장소에 푯말 또는 게시판 등을 사용하여 표시 가능

※ 배달음식 및 무료 제공하는 음식도 원산지 표시대상임

genetically modified organism, GMO를 원료로 사용하여 제조·가공한 식품 또는 식품첨가물을 의미한다. 예를 들면 GM농산물인 GM콩으로 만든 두부, 콩기름, 콩가루, 된장, 간장과 GM옥수수로 만든 옥수수과자, 옥수수기름, 옥수수전분, 수프, 옥수수차 등이 GM식품에 속한다. 우리나라에서는 「식품위생법」 제18조에 따라 유전자변형식품 등에 대하여 안전성을 심사하여, 승인된 유전자변형식품만 국내에 수입·유통될 수 있다. 유전자변형식품에 대한 안전성검사는 식품일반, 영양, 분자생물학, 알레르기, 독성 등 5개 전문분야의 심사를 진행한다.

표 2-4 유전자변형식품에 대한 안전성 평가

분과위원회	심사항목
식품일반분과	• 유전자변형식품의 건전성 • 제외국가의 허가 및 식용 현황 등
영양분과	• 주요 영양성분 • 미량영양성분의 변화 등 기존 식품과 차이
분자생물학분과	• 형질전환에 이용되는 방법 • 도입 유전자 및 유전자 산물 등
알레르기분과	• 유전자 산물의 알레르기 유발 가능성 등
독성분과	• 유전자 산물의 단회투여독성 등

국내에서는 아직 유전자변형농산물의 재배가 허용되지 않고 있으며 수입 승인을 받은 GM농산물은 대두, 옥수수, 면화, 카놀라, 사탕무, 알팔파의 여섯 가지 작물만 수입이 허용된다.

유전자변형식품 등의 표시대상은 식품용으로 승인된 유전자변형농축수산물과 이를 원재료로 하여 제조·가공 후에도 유전자변형DNA 또는 유전자변형단백질이 남아 있는 유전자변형식품 등은 유전자변형식품임을 표시하여야 한다. 예를 들면 유전자변형농축수산물의 표시는 "유전자변형 ○○(농축수산물 품목명)"로 표시하고, 유전자변형농산물로 생산한 채소의 경우에는 "유전자변형 ○○(농산물 품목명)로 생산한 ○○○(채소명)"로 표시하여야 한다. 유전자변형농축수산물이 포함된 경우에는 "유전자변형 ○○(농축수산물 품목명) 포함"으로 표시하고, 유전자변형농산물로 생산한 채소가 포함된 경우에는 "유전자변형 ○○(농산물 품목명)로 생산한 ○○○(채소명) 포함"으로 표시하여야 한다. 유전자변형농축수산물이 포함되어 있을 가능성이 있는 경우에는 "유전자변형 ○○(농축수산물 품목명) 포함가능성 있음"으로 표시하고, 유전자변형농산물로 생산한 채소가 포함되어 있을 가능성이 있는 경우에는 "유전자변형 ○○(농산물 품목명)로 생산한 ○○○(채소명) 포함 가능성 있음"으로 표시할 수 있다.

그러나 표시대상 중 다음 각 호의 어느 하나에 해당하는 경우에는 유전자변형식품임을 표시하지 아니할 수 있다.

1. 유전자변형농산물이 비의도적 혼입치(농산물을 생산·수입·유통 등 취급과정에서 구분하여 관리한 경우에도 그 속에 유전자변형농산물이 비의도적으로 혼입될 수 있는 비율)로 3%이하인 농산물과 이를 원재료로 사용하여 제조·가공한 식품 또는 식품첨가물. 다만, 이 경우에는 다음 각 목의 어느 하나에 해당하는 서류를 갖추어야 한다.

표 2-5 주요 국가의 유전자변형식품 표시제 비교

국가	표시 대상	표시 면제	비의도적 혼합치(%)
EU	• 모든 유전자변형 식품 및 사료	• 유전자변형 사료를 먹인 동물로부터 얻어진 육류, 우유 또는 달걀과 같은 식품	0.9
일본	• 지정된 8종의 작물과 33가지 가공식품 • 고올레산(high oleic acid) 콩, 고라이신(high lysine) 옥수수 등으로 만든 가공식품	• 유전자변형단백질로부터 유래된 단백질이 가공 후에 검출되지 않는 식품 • 별도로 구분 관리된 비유전자변형 원료를 사용하여 (IP 처리) 유전자변형 성분이 없는 것으로 인증된 식품	5.0
중국	• 모든 유전자변형식품	• 지정된 표시 대상 이외의 농산물	0.0
오스트레일리아	• 새로운 DNA 또는 새로운 단백질을 함유하고 있는 식품	• 유전자변형DNA와 단백질을 정제하여 최종 상품에서 검출되지 않는 식품 • 식품 구내 및 자판기에서 준비 및 판매되는 즉각적인 소비를 목적으로 하는 식품유전자변형 사료를 섭취한 동물에서 추출한 식품	1.0
한국	• 지정된 6종의 유전자변형농산물과 이를 원료로 가공한 식품	• 정제과정으로 유전자변형DNA 성분이 남지 않는 식품 • 식품 구내 및 자판기에서 준비 및 판매되는 즉각적인 소비를 목적으로 하는 식품 • 유전자변형 사료를 섭취한 동물에서 추출한 식품	3.0

출처: 이상현, 2017

가. 구분유통증명서 : 종자 구입·생산·제조·보관·선별·운반·선적 등 취급과정에서 유전자변형식품등 과 구분하여 관리하였음을 증명하는 서류

나. 정부증명서 : 구분유통증명서와 동등한 효력이 있음을 생산국 또는 수출국의 정부가 인정하는 증명서

다. 「식품·의약품분야 시험·검사 등에 관한 법률」 제6조 및 제8조에 따라 지정되었거나 지정된 것으로 보는 시험·검사 기관에서 발행한 유전자변형식품 등 표시대상이 아님을 입증하는 시험·검사성적서

2. 고도의 정제과정 등으로 유전자변형DNA 또는 유전자변형단백질이 전혀 남아 있지 않아 검사불능인 당류, 유지류 등

④ 식품에 대한 일반표시

「식품 등의 표시·광고법」의 목적은 식품 등에 대하여 올바른 표시·광고를 하도록 하여 소비자의 알 권리를 보장하고 건전한 거래질서를 확립함으로써 소비자 보호에 이바지함을 목적으로 한다. "표시"란 식품, 식품첨가물, 기구, 용기·포장, 건강기능식품, 축산물(이하 "식품등"이라 한다) 및 이를 넣거나 싸는 것(그 안에 첨부되는 종이 등을 포함한다)에 적는 문자·숫자 또는 도형으로 정의된다.

식품, 식품첨가물 또는 축산물에는 제품명, 내용량 및 원재료명, 영업소 명칭 및 소재지, 소비자 안전을 위한 주의사항, 제조연월일, 유통기한 또는 품질유지기한, 그밖에 소비자에게 해당식품, 식품첨가물 또는 축산물에 관한 정보를 제공하기 위하여 필요한 사항으로서 총리령으로 정하는 사항을 표시한다

기구 또는 용기·포장에는 재질, 영업소 명칭 및 소재지, 소비자 안전을 위한 주의사항, 그밖에 소비자에게 해당 기구 또는 용기·포장에 관한 정보를 제공하기 위하여 필요한 사항으로서 총리령으로 정하는 사항을 표시하여야 한다.

건강기능식품은 제품명, 업소명 및 소재지, 유통기한 및 보관방법, 내용량, 영양정보, 기능정보, 섭취량, 섭취방법 및 섭취 시 주의사항, 원료명 및 함량, 질병의 예방 및 치료를 위한 의약품이 아니라는 내용의 표현, 소비자 안전을 위한 주의사항과 건강기능식품임을 나타내는 도안을 표시하여야 한다.

건강기능식품은 건강기능식품을 나타내는 그림 2-8과 같이 주표시면에 15×15mm 이상의 크기로 표시하여야 하며, “건강기능식품”이라는 문구도 동시에 표시하여야 한다. 또한 건강기능식품의 원료 또는 성분을 주표시면에 “건강기능식품원료”라는 표시를 하여야 한다. 다만, 포장면적이 150cm^2 이하인 제품의 경우 도안의 크기를 식별이 가능한 범위에서 자유롭게 표시할 수 있다.

그림 2-8 건강기능식품 마크

⑤ 영양표시제

식품 등(기구 및 용기·포장은 제외한다)을 제조·가공·소분하거나 수입하는 자는 총리령으로 정하는 식품 등에 영양표시 및 나트륨 함량 비교 표시를 하여야 한다. “영양표시”란 식품, 식품첨가물, 건강기능식품, 축산물에 들어있는 영양성분의 양(量) 등 영양에 관한 정보를 표시하는 것을 말한다. “나트륨 함량 비교 표시”란 식품의 나트륨 함량을 동일하거나 유사한 유형의 식품의 나트륨 함량과 비교하여 소비자가 알아보기 쉽게 색상과 모양을 이용하여 표시하는 것을 말한다.

표시대상 영양성분은 열량, 나트륨, 탄수화물, 당류(식품, 축산물, 건강기능식품에 존재하는 모든 단당류와 이당류를 말한다. 다만, 캡슐·정제·환·분말 형태의 건강기능식품은 제외한다), 지방, 트랜스지방, 포화지방, 콜레스테롤, 단백질이다. 건강기능식품의 경우 트렌스지방, 포화지방, 콜레스테롤은 표시하지 않을 수 있다.

- 1일 영양성분 기준치
  - 1일 영양성분 기준치에 대한 비율 : 1회 영양성분 기준치에 대해 해당 식품의 총 내용량 또는 100 g/mL가 제공하는 양을 나타낸다. 따라서 1일 영양성분 기준치에 대한 비율을 보면 식품이 하루에 섭취해야 할 영양성분 양의 몇 %를 함유하는지 알 수 있으며, 해당 식품의 영양성분 함량이 높은 수준인지 낮은 수준인지 쉽게 이해할 수 있다.
  - 열량, 트랜스지방은 1일 영양성분 기준치에 대한 비율을 표시하지 않는다.

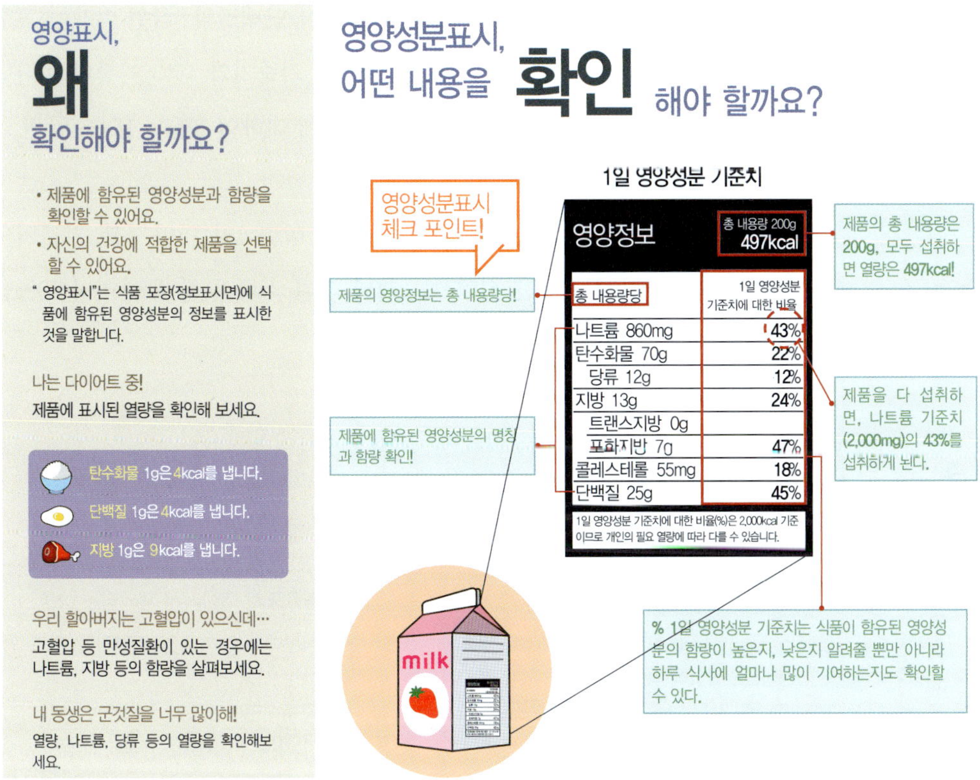

그림 2-9 영양성분 표시 확인 이유

출처: 류혜숙 외, 2019

1일 영양성분 기준치에 대한 비율은 영양성분표에서 우측에 표시하며 나트륨, 탄수화물, 당류, 지방, 포화지방, 콜레스테롤, 단백질에 대한 값이 적혀 있다. 열량, 트랜스지방은 1일 영양성분 기준치가 정해지지 않아 1일 영양성분 기준치에 대한 비율을 표시하지 않는다.

- 1일 영양성분 기준치에 대한 비율은 영양성분 함량 강조표시를 하는데 기준으로 삼는다.

1일 영양성분 기준치에 대한 비율은 영양성분 함량 강조표시의 기준으로 활용되기도 한다. 예를 들어, 총 내용량당 1일 영양성분 기준치의 10% 이상의 단백질을 포함하는 식품은 단백질을 '함유'한다거나 해당 식품이 단백질의 '급원'이라는 표현을 사용할 수 있다. 또한 총 내용량당 1일 영양성분 기준치의 15% 이상의 비타민 또는 무기질을 포함하는 식품은 비타민 또는 무기질에 대하여 '함유' 또는 '급원'이라는 표현을 사용할 수 있다.

예시 칼슘의 1일 영양성분 기준치에 대한 비율이 30%이면 1일 영양성분 기준치의 30%에 해당한다. 따라서 건강을 위해서는 그날 다른 식품을 통해 나머지 70%를 확보하는 것이 바람직하다.

칼슘의 %영양성분 기준치
100% 영양성분 기준치 = 700 mg / 30% 영양성분 기준치 = 210 mg

표 2-6 영양성분 표시에 대한 규정

영양표시 대상 식품	영양표시 대상에서 제외되는 식품
• 레토르트식품(조리가공한 식품을 특수한 주머니에 넣어 밀봉한 후 고열로 가열 살균한 가공식품을 말하며, 축산물 제외) • 과자류 중 과자, 캔디류 및 빙과류 중 빙과·아이스크림류 • 빵류 및 만두류 • 코코아 가공품류 및 초콜릿류 • 잼류 • 식용 유지류(油脂類)(동물성 유지류, 식용유지 가공품 중 모조치즈, 식물성크림, 기타식용유지 가공품 제외) • 면류 • 음료류(다류와 커피 중 볶은 커피 및 인스턴트 커피 제외) • 특수용도식품 • 어육가공품류 중 어육소시지 • 즉석섭취·편의식품류 중 즉석섭취식품 및 즉석조리식품 • 장류(한식메주, 한식된장, 청국장 및 한식메주를 이용한 한식간장 제외) • 시리얼류 • 유가공품 중 우유류·가공유류·발효유류·분유류·치즈류 • 식육가공품 중 햄류, 소시지류 • 건강기능식품 • 위의 규정에 해당하지 않는 식품 및 축산물로서 영업자가 스스로 영양표시를 하는 식품 및 축산물	• 즉석판매제조·가공업 영업자가 제조·가공하는 식품 • 식육즉석판매가공업 영업자가 만들거나 다시 나누어 판매하는 식육가공품 • 식품, 축산물 및 건강기능식품의 원료로 사용되어 그 자체로는 최종소비자에게 제공되지 않는 식품, 축산물 및 건강기능식품 • 포장 또는 용기의 주표시면 면적이 30제곱센티미터 이하인 식품 및 축산물

〈예시 1〉

① 영양·기능 정보
[칸 삭제]

② 1회 분량/1일 섭취량 : ○정(○mg)

1회 분량/1일 섭취량당	함 량	%영양성분 기준치
열량	150 kcal	
탄수화물	23 g	7%
당류	10 g	
단백질	2 g	3%
지방	6 g	11%
나트륨	55 mg	2%
④ 비타민 C	11 mg	20%
칼슘	20 mg	7%
⑤ 기능성분 또는 지표성분	○ mg	

⑥ ※%영양성분 기준치 : 1일 영양성분 기준치에 대한 비율

〈예시 2〉

① 영양·기능 정보
[칸 삭제]

② 1회 분량/1일 섭취량 : ○정(○mg)

1회 분량/1일 섭취량당	함 량	%영양성분 기준치
③ 열량	150 kcal	
탄수화물	23 g	7%
당류	10 g	
식이섬유	3 g	12%
단백질	2 g	3%
지방	6 g	11%
포화지방산	2 g	13%
불포화지방산	3 g	
트랜스지방		
콜레스테롤	10 mg	3%
나트륨	55 mg	2%
④ 비타민 C	11 mg	20%
칼슘	20 mg	7%
⑤ 기능성분 또는 지표성분	○ mg	

⑥ ※%영양성분 기준치 : 1일 영양성분 기준치에 대한 비율

〈예시 3〉

① 영양·기능 정보
② 1회 분량/1일 섭취량 : ○정 (○ mg)
[칸 삭제]

1회 분량/1일 섭취량당	함 량	%영양성분 기준치	1회 분량/1일 섭취량당	함 량	%영양성분 기준치
③열량	150 kcal		단백질	2 g	3%
탄수화물	23 g	7%	지방	6 g	11%
당류	10 g		나트륨	55 mg	2%
④비타민 C	11 mg	20%	칼슘	20 mg	7%
⑤기능성분 또는 지표성분	○ mg				

⑥※%영양성분 기준치 : 1일 영양성분 기준치에 대한 비율

〈예시 4〉

① 영양·기능 정보[칸 삭제] ② 1회 분량/1일 섭취량 : ○정(○ mg)

1회 분량/1일 섭취량 당 함량 : 열량 kcal, 탄수화물 ○g(○%), 당류 ○g, 단백질 ○g(○%), 지방 ○g(○%), 나트륨 ○ mg(○%), 비타민 C ○ mg(○%), 칼슘 ○ mg(○%), 기능성분 또는 지표성분 ○ mg
⑦ ※( )안의 수치는 1일 영양성분 기준치에 대한 비율임

그림 2-10 건강기능 식품 표시의 예

알아두기

영양소 기준치

소비자가 해당 식품의 영양적 가치를 보다 쉽게 이해하고 식품 간의 영양소를 효과적으로 비교할 수 있도록 설정해 놓은 일반인(4세 이상 어린이부터 성인까지)의 평균적 1일 영양소 섭취 기준량을 말한다. 영양소 기준치 대비 비율은 식품에 포함된 각 영양소 함량을 영양소 기준치에 대한 비율로 나타낸 것으로서 각 영양소가 하루에 섭취해야 할 영양소 수준에서 몇 %를 차지하는지를 나타낸 것이다.

영양 강조표시

"무지방", "저칼로리", "비타민C 첨가", "칼슘강화" 등과 같이 영양성분표를 읽지 않고도 제품에 함유된 영양소의 수준을 특정한 용어를 사용하여 표시하기도 한다. 제품의 영양적 가치를 "저", "무", "고(또는 풍부)", "함유(또는 급원)" 등의 용어로 강조 표시하기 위해서는 정부가 정한 용어와 해당 기준을 따라야 한다.

원래 그 식품에 해당 영양소가 전혀 들어 있지 않은 식품(예를 들면 식물성 식용유에 "무콜레스테롤"을 표기)의 강조 표시는 소비자가 오인, 혼동하는 표시로 간주하므로 표시해서는 안 된다. 콜레스테롤은 동물성 식품에만 들어 있으며, 모든 식물성 식용유는 콜레스테롤을 함유하지 않기 때문이다.

소비자 안전을 위한 표시사항(식품등의 표시광고에 관한 시행규칙 제5조제1항)

알레르기 유발물질과 같은 제조과정을 통해 생산된 제품은 알레르기 유발물질에 대한 원재료명을 표시해야 한다. 또한 총 글루텐 함량이 20 mg/kg 이하인 식품 등은 "무글루텐"의 표시를 할 수 있다.

- 알레르기 유발물질 : 알류(가금류만 해당), 우유, 메밀, 땅콩, 대두, 밀, 고등어, 게, 새우, 돼지고기, 복숭아, 토마토, 아황산류(이를 첨가하여 최종 제품에 이산화황이 1킬로그램당 10밀리그램 이상 함유된 경우), 호두, 닭고기, 쇠고기, 오징어, 조개류(굴, 전복, 홍합 포함), 잣
- 표시 대상 : 알레르기 유발물질을 원재료로 사용한 식품, 그 식품 등으로부터 추출 등의 방법으로 얻은 성분을 원재료로 사용한 식품, 위의 식품 모두를 함유한 식품 등을 원재료로 사용한 식품 등
- 표시방법 : 원재료명 표시란 근처에 바탕색과 구분되도록 알레르기 표시란을 마련, 제품에 함유된 알레르기 유발물질의 양과 관계없이 원재료로 사용된 모든 알레르기 유발물질을 표시해야 한다. 다만, 단일 원재료로 제조·가공한 식품이나 포장육 및 수입 식육의 제품명이 알레르기 표시 대상 원재료명과 동일한 경우에는 알레르기 유발물질 표시를 생략할 수 있다(예: 달걀, 우유, 새우, 이산화황, 조개류(굴) 함유).

(2) 지리적 표시제

지리적 표시제는 세계무역기구World Trade Organization, WTO에서 국제적으로 보호하고 있는 제도로, 우리의 우수한 지리적 특산품을 보호하기 위해 1999년에 「농산물품질관리법」에 근거하여 도입되었다.

지리적 표시등록은 농림축산식품부장관 또는 해양수산부장관은 지리적 특성을 가진 농수산물 또는 농수산가공품의 품질 향상과 지역 특화산업 육성 및 소비자 보호를 위함이다. 지리적 표시제의 등록은 특정 지역에서 지리적 특성을 가진 농수산물 또는 농수산가공품을 생산하거나 제조·가공하는 자로 구성된 법인만 신청할 수 있다. 다만, 지리적 특성을 가진 농수산물 또는 농수산가공품의 생산자 또는 가공업자가 1인인 경우에는 법인이 아니라도 등록 신청을 할 수 있다.

심의기준은 다음과 같다.

- 해당 품목이 대상지역에서만 생산된 농산물인지, 또는 이를 주원료로 해당 지역에서 가공된 품목인지 여부(지역성)
- 해당 품목의 우수성이 국내 또는 국외에서 널리 알려져 있는지 여부(유명성)
- 해당 품목이 대상지역에서 생산된 역사가 깊은지 여부(역사성)
- 해당 품목의 명성·품질 또는 그 밖의 특성이 본질적으로 특정지역의 생산환경적 요인이나 인적 요인에 기인하는지 여부(지리적 특성)

지리적 표시대상 지역의 특산품은 지리적표시등록심의분과위원회를 통해 지리적 명칭, 특성, 유명성, 지리적 요인과의 관계, 지역 범위 등을 면밀히 심사하여 지역 특화산업으로 발전 가능성이 큰 품목을 발굴하고 있으며, 현재 보성녹차, 고창복분자주, 서산마늘, 순창전통고추장, 이천쌀 등 총 108개(2019년 12월 기준)의 지리적 표시 품목을 등록하여 관리하고 있다.

그림 2-11 지리적 표시제 마크

2) 식품이력추적관리제

식품이력추적관리제는 생산부터 판매까지 식품안전 관련 문제 발생 시 이력을 역추적하여 원인을 규명하고 필요한 조치를 취하는 제도이다. 이력 추적traceability의 사전적 의미는 trace(추적)와 ability(가능성)의 합성어로 '추적 가능성'이라고도 정의할 수 있으며, 이 제도는 농장에서부터 원료 생산, 공장에서의 제품 생산, 가공단계, 물류업체에 의한 유통경로 및 소매점을 거쳐 소비자에게 배달될 때까지의 전 과정을 기록하여 활용하는 것이다. 현재 식품이력추적관리제는 농림축산식품부에서 관리하는 농수축산물 이력추적관리제, 식품의약품안전처에서 관리하는 식품이력추적관리제도가 있다. 농산물의 경우 농산물 품질관리원에서, 수산물의 경우 국립수산물품질관리원에서, 축산물의 경우 축산물품질평가원에서, 가공식품의 경우 식품안전정보원에서 관리하고 있다.

그림 2-12 식품이력 정보 조회 안내

(1) 농수산물이력추적관리제

농수산물이력추적관리란 농수산물의 안전성 등에 문제가 발생할 경우 해당 농수산물을 추적하여 원인을 규명하고 필요한 조치를 취할 수 있도록 농수산물의 정보를 생산부터 판매까지 단계별로 기록·관리하는 것을 말한다(농수산물품질관리법 제2조제1항제7호).

농산물 이력 추적은 신속한 원인 규명과 정확한 제품 회수, 표시의 신뢰성 확보로 공정거래와 위험관리에 기여, 품질관리·안전관리·재고관리의 효율화 등을 목적으로 한다. 농산물이력추적과 함께 안전한 농산물을 소비자에게 제공하기 위해 국립농산물품질관리원에서 농산물우수관리제도를 병행하고 있다.

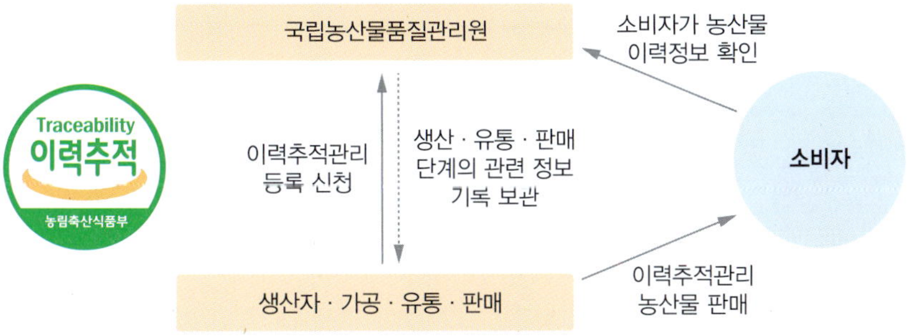

그림 2-13 농산물 이력 추적 관리체계

출처 : 식품의약품안전처

(2) 축산물이력제도

축산물이력제 시스템이란 소·돼지·닭/오리/달걀을 도축부터 판매에 이르기까지 정보를 기록·관리하여 위생·안전의 문제를 사전에 방지하고, 문제가 발생할 경우에 그 이력을 추적하여 신속하게 대처하기 위한 제도이다.

쇠고기이력추적제는 쇠고기의 안전한 보급과 관리를 위한 시스템으로 쇠고기에 개체식별번호 12자리를 부여하여 출생, 수입, 매매 등의 정보를 기록·관리하는 제도이다. 이는 위생안전상 문제가 발생할 경우 이동경로를 신속히 파악하여 회수 등의 조치를 취하는 장치로서 현재는 바코드나 수기의 숫자 입력으로 소의 양귀에 무선인식radio frequency identification, RFID 귀표를 부착하여 관리하고 있다. 축산물이력제 홈페이지에 개체식별번호를 조회하는 창이 있으며, 쇠고기이력 추적의 4단계(사육·도축·포장 처리·판매)에 대한 현황이 제공되고 있다.

돼지고기이력제는 돼지와 돼지고기의 거래 단계별 정보를 기록·관리, 문제 발생 시 이동경로에 따라 역추적하여 신속한 조치를 가능하게 하고, 판매 시 이력정보를 제공함으로써 소비자를 안심시키는 제도로 사육, 도축, 포장 처리, 판매 단계를 관리하고 있다.

닭/오리/달걀이력제는 2018년 11월 20일부터 시범사업으로 시행하고 있으며 닭·오리·달걀의 거래 단계별 정보를 기록·관리하고, 문제 발생 시 이동경로에 따라 역추적하여 신속한 조치를 가능하게 하고, 판매 시 이력정보를 제공함으로써 소비자를 안심시키는 제도

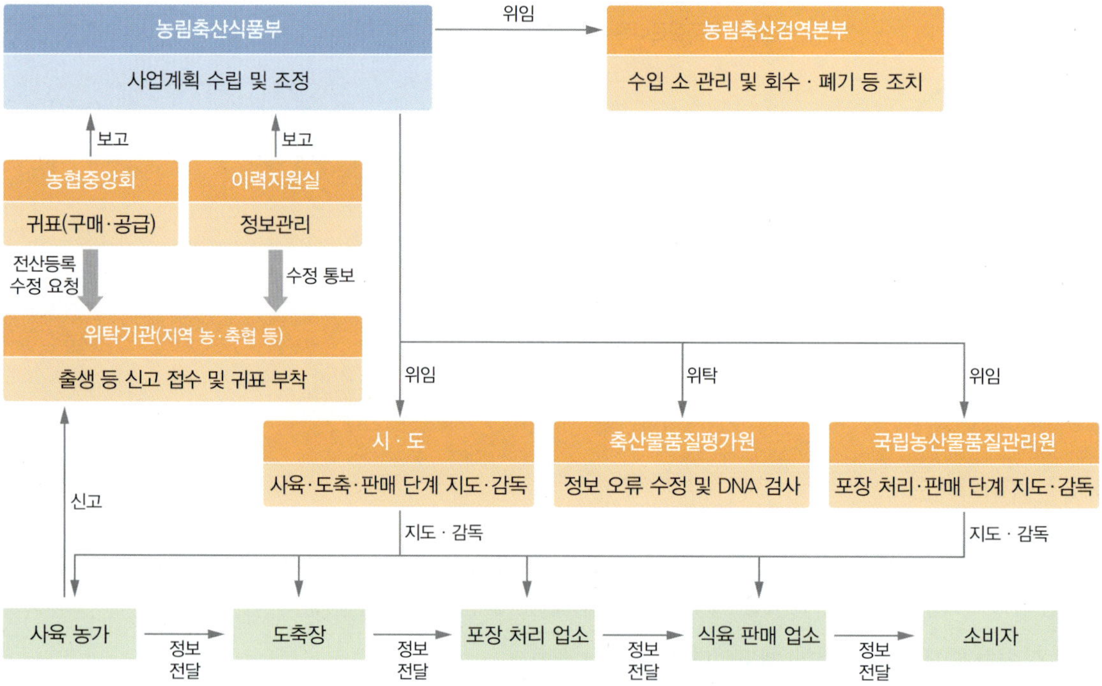

그림 2-14 쇠고기 이력 추적 관리기관 체계도

이다. 생산단계, 유통단계를 관리하고 있다.

축산물이력조회는 축산물이력제 시스템 메인 홈페이지(http://www.mtrace.go.kr)에 접속하여 원산지, 등급, 가축의 종류, 출생일, 사육지 등의 이력정보를 확인할 수 있다. 스마트폰으로도 확인 가능하다.

(3) 수산물이력제

수산물이력제는 수산물의 식품 사고 발생 시 원인 규명 및 신속한 조치와 수산물의 생산이력 확인 및 투명한 유통질서 확립을 위해 도입되었다. 현재 대상품목은 모든 국산 수산물(원양선 포함)로 활·냉장·냉동 수산물 및 단순가공(건조, 염장 등)한 수산가공품으로 생산에서 판매까지 이력추적관리 및 리콜 등 회수가 가능한 수산물을 대상으로 한 번 등록하면 3년까지 유효하며 유효기간은 연장이 가능하다.

로고

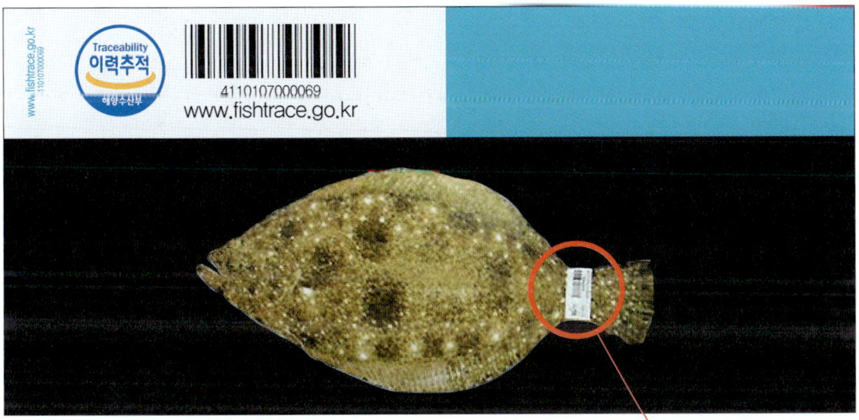

판매점용 꼬리표

그림 2-15 수산물이력제 표시의 예

표시는 해당 수산물의 포장, 용기의 표면 등에 수산물 이력 추적 관리품의 표지 및 표시사항(로고 및 식별번호 등 포함)을 붙이거나 인쇄할 수 있다.

(4) 식품이력추적관리제도

식품이력추적관리제도는 식품을 제조·가공부터 판매까지 단계별로 이력추적정보를 기록·관리하여 소비자에게 제공함으로써 안전한 식품 선택을 위한 '소비자의 알 권리'를 보장하고, 해당 식품의 안전성 등에 문제가 발생할 경우에 그 식품을 추적하여 원인을 규명하고 신속한 유통 차단과 회수 조치를 할 수 있도록 관리하는 제도로 2014년부터 단계별로 의무화를 시행하고 있다.

현재 국내에서 제조·가공 또는 수입·판매되는 식품의 의무 등록 대상은 영유아식품, 조제유류, 건강기능식품, 임산·수유부용, 특수의료용도 등, 체중조절용 조제식품으로 시행일은 식품유형별 매출액 기준 및 영업등록일에 따라 시행일에 차이를 두고 있다. 예를 들면 임산·수유부용, 특수의료용도, 체중조절용 조제식품의 경우 2016년 매출액이 1억 원 미만 및 2017년 이후 영업등록을 한 자는 2022년 12월 1일부터 식품 이력 추적관리를 해야 한다. 현재(2019년 6월 30일 기준) 식품 이력 추적관리 등록업소는 7,583개, 품목수는 37,112 개이다.

식품이력추적관리에 대한 관련 법률은 표 2-7과 같다.

표 2-7 식품이력추적관리 관련 법률

구분	가공식품	건강기능식품	수입식품	축산물
등록기준	식품위생법 제9호 (식품이력추적관리 등록기준 등)	건강기능식품에 관한 법률 제2조의2(건강기능식품이력추적관리의 등록기준 등)	수입식품안전관리특별법 제23조(수입식품 등의 유통이력추적관리)	축산물위생관리법 제31조의3(축산물가공품이력추적관리의 등록 등)
등록신청	식품위생법 시행규칙 제9조 (식품이력추척관리 등록신청)	건강기능식품에 관한 법률 시행규칙 제9조의2 (건강기능식품이력추적관리의 등록기준 등)	수입식품안전관리특별법 시행규칙 제36조 (유통이력추적관리 등록신청 등)	축산물위생관리법 시행규칙 제51조의4 (축산물가공품이력추적관리의 등록신청 등)
기타	식품위생법 시행규칙 제70~74조 (등록사항 변경, 조사평가 등) 동법 시행규칙 제89조 (행정처분 기준)	건강기능식품에 관한 법률 시행규칙 제29조의3~7 (등록사항 변경, 조사평가 등) 동법 시행규칙 제31조 (행정처분의 기준 등)	수입식품안전관리특별법 시행규칙 제37~39조 (등록사항 변경, 조사평가 등) 동법 시행규칙 제46조 (행정처분의 기준)	축산물위생관리법 시행규칙 제51조의7~12 (등록사항 변경, 조사평가 등) 동법 시행규칙 제41조 (행정처분의 기준)
세부사항	식품 등 이력추적관리기준(식품의약품안전처 고시 제2019-49호, 2019.6.20.)			

다음 그림 2-16은 식품(가공식품, 건강기능식품, 농산물, 축산물, 수산물) 회수차단 통한에 대한 전全 식품이력추적관리 시스템이다.

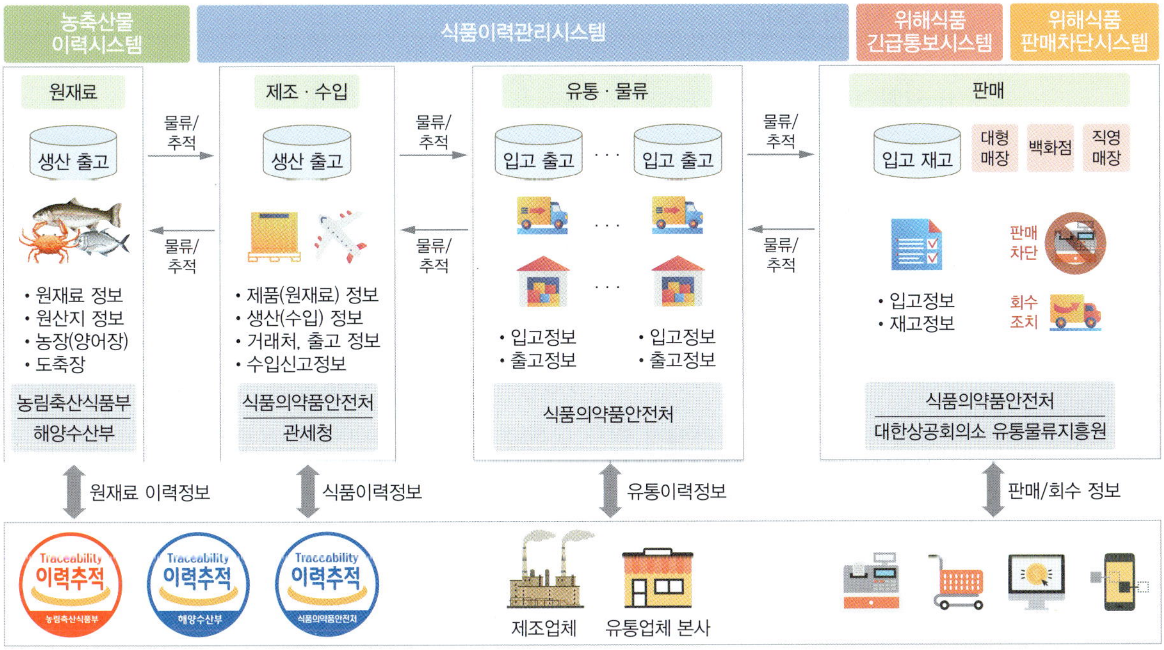

그림 2-16 생산·가공·유통·판매 전 과정 통합 식품 이력 추적 운영체계

알아두기

식품 이력 추적 운영체계

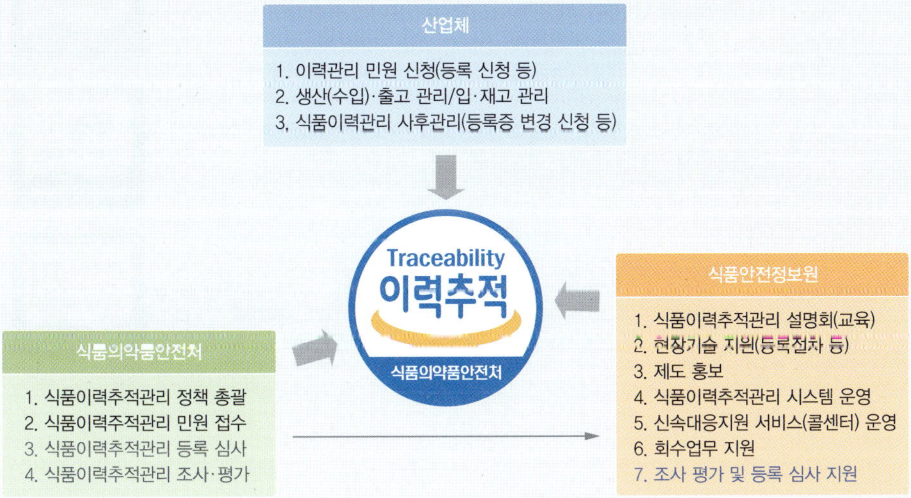

3) 품질 인증제도

(1) 친환경농축산물인증제도

그동안 화학비료, 농약 등의 고투입 농법에 의존해 온 결과, 농업 환경이 악화되어 지속 가능한 농업 생산이 위협받고 있으며 토양미생물과 천적의 감소 등 생태계 교란, 농약잔류 문제 또한 심각한 상황에 이르렀다. 친환경농축산물이란 환경을 보전하고 소비자에게 더욱 안전한 농축산물을 공급하기 위해 유기합성농약과 화학비료 및 사료첨가제 등 화학자재를 전혀 사용하지 아니하거나, 최소량만을 사용하여 생산한 농축산물을 말한다. 친환경농축산물인증제도는 소비자에게 더욱 안전한 친환경농축산물을 전문인증기관이 엄격한 기준으로 선별, 검사하여 정부가 그 안전성을 인증해 주는 제도로 생산방법과 사용자재 등에 따라 유기농산물(유기축산물), 무농약농산물(무항생재축산물)로 분류한다.

표 2-8 친환경농축산물 인증 내용 및 인증 마크

종류	기준	인증 마크
유기농산물	유기농산물은 유기합성농약과 화학비료를 일체 사용하지 않고 재배(전환기간 : 다년생 작물은 최초 수확 전 3년, 그 외 작물은 파종 재식 전 2년)	유기농산물 (ORGANIC) 농림축산식품부
유기축산물	유기축산물은 유기농산물의 재배·생산 기준에 맞게 생산된 [유기사료]를 급여하면서 인증기준을 지켜 생산한 축산물	유기축산물 (ORGANIC) 농림축산식품부
무농약농산물	무농약농산물은 유기합성농약을 일체 사용하지 않고, 화학비료는 권장 시비량의 1/3 이내 사용	무농약 (NON PESTICIDE) 농림축산식품부
무항생제축산물	무항생제축산물은 항생제, 합성항균제, 호르몬제가 첨가되지않은 [일반사료]를 급여하면서 인증 기준을 지켜 생산한 축산물	무항생제 (NON ANTIBIOTIC) 농림축산식품부

(2) 유기가공식품 인증

유기가공식품 인증은 유기 표시의 신뢰도를 높여 소비자를 보호하고 고품질의 유기식품 공급을 장려하기 위함이다. 가공식품을 제조하는 자는 유기가공식품으로 국립농산물품질관리원에서 지정한 인증기관에서 다음과 같은 방법으로 인증을 받을 수 있다.

- 국산 또는 외국산 유기원료를 사용하여 국내에서 유기가공식품을 제조 및 가공하고자 하는 자
- 국내 판매를 목적으로 국산 또는 외국산 유기원료를 사용하여 외국에서 유기가공식품을 제조하고자 하는 자

유기원료
친환경법에 따라 인증 또는 동등성 인정된 국내·외 유기농산물 또는 유기가공식품

(3) 우수농산물관리제도

우수농산물관리제도good agricultural practice, GAP는 농산물의 안전성을 확보하고 농업환경을 보전하기 위하여 농식품의 생산, 수확 후 관리(농산물의 저장, 세척, 건조, 선별, 절단, 조제, 포장 등을 포함) 및 유통의 각 단계에서 재배, 포장 및 농업용수 등의 농업환경과 농약, 중금속, 잔류성 유기오염물질 또는 유해생물 등의 위해요소를 적절하게 관리하는 제도이다. 우수농산물관리제도는 우리 농산물의 위생관리 수준을 국제 기준 이상으로 높여 국민의 기대 수준에 부응하고자 국제식품규격Codex, 국제연합식량농업기구FAO 등 국제기구에서 마련한 안전 농산물 기준에 부합하는 농산물 관리체계를 마련하기 위해 2006년부터 시행하고 있다. 기존의 농산물 생산체계와는 다르게 생산·관리를 하게 되므로 이를 위하여 수확 후 관리시설 기준을 마련하고, 안전성이 확보된 농산물을 생산하기 위하여 국가(농관원)가 지정한 민간인증기관에서 관리시설을 지정하도록 하고 있다. 우수농산물 관리와 관련된 상세한 정보는 GAP정보시스템(http://www.gap.go.kr)에서 확인할 수 있다.

GAP 인증과 친환경 인증을 비교해 보면 표 2-9와 같다.

표 2-9 GAP 인증과 친환경 인증의 비교

<table>
<tr><th colspan="2">구분</th><th>GAP</th><th>친환경 인증</th></tr>
<tr><td colspan="2">근거 법령</td><td>농수산물 품질관리법</td><td>친환경농업육성법</td></tr>
<tr><td colspan="2">대상</td><td>GAP 재배 관리기준이 있는 농작물</td><td>유기농산물, 무농약농산물</td></tr>
<tr><td colspan="2">시행 주체</td><td>• 표시 : 생산단체, 유통업체
• 관리 : 농과원, 지방자치단체</td><td>농과원</td></tr>
<tr><td colspan="2">주요 내용</td><td>안전성 확보, 친환경, 소비자에게 정보 제공</td><td>환경보존, 농산물의 안전성 및 경제성</td></tr>
<tr><td colspan="2">특징</td><td>• GAP 재배 관리기준 적용(생산이력 표시)
• 안전성 확보가 주요 목적</td><td>친환경 자재 및 농법 사용</td></tr>
<tr><td rowspan="4">업무 내용</td><td>표준농법</td><td>○</td><td>○</td></tr>
<tr><td>안전성</td><td>○</td><td>○</td></tr>
<tr><td>품질규격</td><td></td><td>○</td></tr>
<tr><td>생산이력 표시</td><td>○</td><td></td></tr>
<tr><td colspan="2">사후관리</td><td>농과원 및 소비자단체(위반자 조치 계획)</td><td>농과원(위반자 조치)</td></tr>
</table>

(4) 우수식품인증제도

우수식품인증제도란 2008년 6월부터 「식품산업진흥법」에 따라 가공식품의 산업표준KS 인증제도, 전통식품품질인증제도 등을 통해 합리적인 식품 표준을 제정, 보급함으로써 식품산업의 경쟁력을 향상시키고 국가 경제 발전에 이바지하기 위한 제도이다.

가공식품 산업표준 KS 인증제도는 가공식품 표준화란 합리적인 식품 및 관련 서비스의 표준을 제정·보급함으로써 가공식품의 품질 고도화 및 관련 서비스의 향상, 생산기술 혁신을 기하여 거래의 단순·공정화 및 소비의 합리화를 통하여 식품산업 경쟁력을 향상시키고 국가 경제 발전에 이바지하려는 제도이다. 평가사항으로는 표준화일반, 유통관리, 자재의 관리, 공정관리, 제품의 품질관리, 제조설비관리, 검사장비관리를 평가한다. KS 제품표시 인증을 받은 제품에 대하여 당해 표준기준에 적합한지 여부를 확인하기 위해 생산공장 및 시중 유통품에 대해 조사를 실시하고 있다. KS 표시 제품 및 서비스 인증을 받은 자는 최초 인증을 받은 해부터 3년마다 제품인증의 경우에는 공장심사 및 제품심사를, 서비스 인증인 경우에는 사업장심사를 정기적으로 받아야 한다.

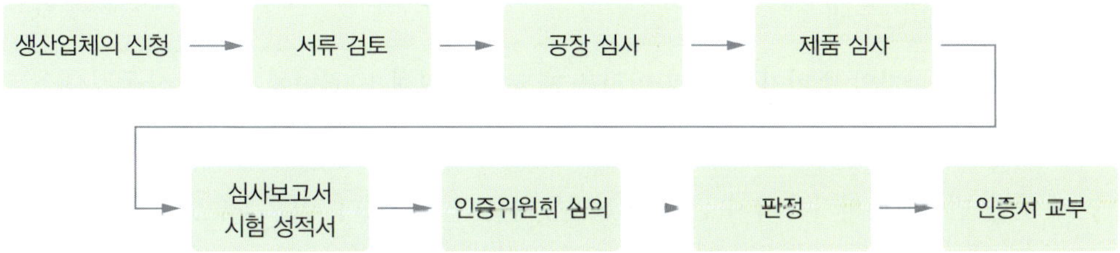

그림 2-17 가공식품 KS 제품표시 인증절차

가공식품 KS 제품표시 인증절차는 다음 그림 2-17과 같다.

전통식품품질인증제도는 국내산 농수산물을 주원(재)료로 하여 제조·가공·조리되어 우리 고유의 맛·향·색을 내는 우수한 전통식품에 대하여 정부가 품질을 보증하는 제도이다. 전통식품의 품목 지정은 농림축산식품부 장관이 전통식품산업의 지원과 육성을 위해 국산농산물을 주원료로 제조·가공되고 예로부터 전승되어 오는 우리 고유의 맛·향 및 색깔을 내는 전통식품의 개발과 그 계승·발전을 위해 필요하다고 인정하는 품목을 전통식품으로 직접 지정하거나 특별시장·광역시장·도지사의 추천을 받아 이를 지정하여 고시한다.

우수식품 인증에 대한 관리는 국립농산물품질관리원에 의해 이루어지며, 직접 현장에서 원료 사용 실태와 가공시설의 관리상태 등을 점검하고 표시사항 및 표시방법에 대한 시판품 조사를 강화하고 있다.

우수식품 인증 종류 및 내용은 표 2-10과 같다.

표 2-10 우수식품 인증 종류 및 내용

분류	인증 내용	인증 마크
가공식품 산업표준(KS)인증	식품산업의 표준화를 촉진하고 품질 향상을 위하여 산업표준규격(KS)에 따라 생산, 가공한 식품의 인증	K 가공식품
한국 전통식품 품질 인증	전통식품의 품질 향상과 생산 장려 및 소비자 보호를 위해 국산 농산물을 주원료로 하여 전통식품 표준규격에 따라 생산·가공한 식품의 인증	전통식품 (TRADITIONAL FOOD) 농림축산식품부

(5) 수산물품질인증제

정부에서 생산자와 소비자 공동의 이익을 제고하기 위해 1993년에 국립수산물검사소 고시를 통해 수산물품질인증 대상 품목을 지정하였고, 「농수산물 가공산업육성 및 품질관리에 관한 법률」에 의거하여 수산물 품질인증제를 추진하였다. 이후 「수산물품질관리법」이 제정되면서 과거 다수의 법령으로 분산되어 있던 수산물에 대한 관리규정을 일원화하고 수산가공산업을 육성함으로써 수산품의 품질관리를 강화하는 방향으로 기존의 「농수산물가공산업육성법」과 분리하였다. 농산물은 품질인증 대상 품목이 주로 1차 상품인 반면, 수산물은 주로 가공식품을 대상으로 지정한다.

수산물품질인증의 내용은 표 2-11과 같다.

표 2-11 수산물 품질 인증 내용 및 인증 마크

분류	인증 내용	인증 마크
수산전통식품 품질인증	예부터 전래된 우리 고유의 식품 계승 및 육성을 위해 품목을 지정하고 공장심사 및 품질심사 후 수산전통식품으로 품질을 정부가 인증하는 제도 • 대상식품 : 47종. 젓갈류(30품목), 죽류(6품목), 게장류(3품목), 건제품(2품목), 기타(6품목)	전통식품 (TRADITIONAL FOOD) 해양수산부
수산물품질인증	• 대상품목 : 건제품(15품목), 염장품(3품목), 해조류(12품목), 냉동수산물(34품목), 횟감용 수산물[머리, 뼈 내장 등을 제거하여 최종 소비자가 그대로 섭취할 수 있도록 유통판매를 목적으로 위생 처리하여 용기·포장에 넣은 제품] - 신선·냉장품 : 굴, 우렁쉥이 - 냉동품	품질인증 (QUALITY SEAFOOD) 해양수산부
유기수산물인증	• 유기수산물 : 식용을 목적으로 생산하는 양식수산물 • 유기가공식품 : 유기수산물을 원료 또는 재료로 하여 제조·가공·유통하는 식품 • 무항생제수산물 : 해조류를 제외한 「수산업법」 시행령 제27조의 규정에 의한 육상해수양식어업 및 「내수면어업법」 시행령 제9조 제1항제5호의 규정에 의한 육상양식어업으로 생산한 수산물 • 활성처리제 비사용 수산물 : 김, 미역, 톳, 다시마, 마른김, 마른미역, 간미역 • 취급자 인증 : 위 네 가지 인증품을 매입하여 포장단위를 변경, 포장한 인증품(포장하지 않고 판매하는 인증품과 판매장에서 소비자가 직접 원하는 수량만큼을 덜어서 구매하는 인증품은 제외)	유기식품 (ORGANIC) 해양수산부 유기가공식품 (ORGANIC) 해양수산부

(6) 어린이기호식품품질인증제도

어린이 기호식품 품질 인증 기준은 「어린이식생활안전관리특별법」 제14조에 따라 안전하고 영양을 고루 갖춘 어린이 기호식품의 제조·가공·유통·판매를 권장하기 위하여 식품의약품안전처장이 정한 품질 인증 기준에 적합한 어린이 기호식품에게 품질 인증을 해주는 제도이다. 어린이 기호식품 품질 인증 제품은 안전·영양·첨가물 사용에 관한 기준 등을 모두 만족해야만 하며, 품질 인증을 받은 어린이 기호식품은 용기·포장 등에 일정한 도형 또는 문자로 '품질 인증 식품' 표시를 할 수 있다. 어린이 기호식품을 제조·가공·수입·조리하는 사람이 품질인증식품 표시를 하고자 하는 경우 식품의약품안전처장에게 신청하여야 하며, 식품의약품안전처장은 신청한 식품이 품질인증기준에 적합한지를 심사하며, 품질 인증 식품의 인증 유효기간은 인증을 받은 날부터 3년이다.

그림 2-18 어린이 기호식품 품질 인증 마크

품질 인증을 받은 어린이 기호식품은 그림 2-18과 같은 로고가 포장지에 표시되어 있다.

① 안전에 관한 기준

가공식품은 식품안전관리인증기준HACCP에 적합하고, 수입식품의 경우 「수입식품안전관리특별법」에 따른 우수 수입업소 및 해외 우수 제조업소에서 수입한 식품이어야 한다. 조리식품은 모범업소에서 조리하거나 모범업소의 기준에 준하는 업소에서 원재료의 종류 및 배합비율, 조리 절차 및 방법, 조리 시간 및 기구 등에 관한 표준조리법을 갖추고 이에 따라 조리해야 한다. 식중독균이 검출되어서는 안 되며 열량, 포화지방, 당류, 나트륨, 단백질 등 제품에 함유된 영양성분 함량을 어린이가 알아보기 쉽도록 표시해야 한다.

② 영양에 관한 기준

품질인증식품은 「어린이식생활안전관리특별법」 제8조에 따른 고열량·저영양 식품과 고카페인 함유식품이 아니면서 다음의 기준에 적합해야 한다.

- 가공식품의 간식용 어린이 기호식품 중 음료류에서 과채주스는 당류를 첨가하지 않아

야 한다. 과자(한과류는 제외), 캔디류, 빵류, 아이스크림류, 빙과, 초콜릿류, 과·채음료, 탄산음료 및 혼합음료(성인이 마시는 음료임을 제품에 표시하거나 광고하는 제품은 제외), 유산균음료, 가공유류, 발효유류(발효버터유 및 발효유분말은 제외), 어육소시지는 다음의 기준을 모두 충족하여야 한다. 다만, 1회 섭취 참고량이 30g 미만인 식품(「식품등의 표시기준」에 따른 양갱·푸딩을 제외한 캔디류, 초콜릿 가공품을 제외한 초콜릿류, 과자 중 강냉이·팝콘에 한함)의 경우에는 30g으로 환산하여 적용하여야 하며, 그 외 총내용량이 1회 섭취 참고량보다 적은 식품의 경우 총 내용량을 기준으로 적용한다. 열량은 1회 제공량당 250kcal 이하, 포화지방은 1회 제공량당 4g 이하, 당류는 1회 제공량당 17g 이하여야 하며, 단백질, 식이섬유, 비타민, 무기질 중 2개 이상이 다음의 기준을 충족해야 한다. 다만, 채소류, 과일류, 견과류, 통곡물, 달걀, 우유를 주원료로 95% 이상 사용한 식품은 다음의 기준을 적용하지 아니한다.

영양성분		기준	
단백질		1회 섭취 참고량당 영양성분 기준치의 5% 이상	1회 섭취 참고량당 3g 이상
식이섬유		1회 섭취 참고량당 영양성분 기준치의 10% 이상	1회 섭취 참고량당 2.5g 이상
비타민	A	1회 섭취 참고량당 영양성분 기준치의 15% 이상	1회 섭취 참고량당 105㎍RAE 이상
	B_1		1회 섭취 참고량당 0.18mg 이상
	B_2		1회 섭취 참고량당 0.21mg 이상
	C		1회 섭취 참고량당 15mg 이상
	D		1회 섭취 참고량당 1.5㎍ 이상
무기질	칼슘	1회 섭취 참고량당 영양성분 기준치의 15% 이상	1회 섭취 참고량당 105mg 이상
	철분		1회 섭취 참고량당 1.8mg 이상

• 식사대용 어린이 기호식품의 면류(용기면만 해당), 즉석섭취편의식품류 중 김밥·햄버거·샌드위치의 경우 열량은 1회 제공량당 500kcal 이하, 포화지방은 1회 제공량당 4g 이하, 나트륨은 1회 제공량당 600mg 이하여야 한다. 단백질, 식이섬유, 비타민, 무기질

알아두기

고열량·저영양 식품이란?

어린이에게 안전하고 영양을 고루 갖춘 식품을 제공하기 위하여 일정 기준보다 열량이 높고 영양가가 낮은 식품을 고열량·저영양 식품으로 정하고 있다.

고열량·저영양 식품 광고 제한

어린이들이 올바른 식품을 선택하도록 유도하기 위하여 어린이 기호식품 중 고열량·저영양 식품 TV 광고를 오후 5시~오후 7시로 제한하고, 어린이를 주 시청대상으로 하는 방송 프로그램의 중간광고를 금지하며. 또한 식품 이외의 어린이의 구매를 부추길 수 있는 물건을 무료로 제공한다는 내용의 TV, 라디오, 인터넷 광고를 못하도록 하고 있다.

고열량·저영양 식품 영양성분 기준

	기준
간식용	1. 1회 섭취 참고량당 열량 205kcal를 초과하고 단백질 2g 미만인 식품 2. 1회 섭취 참고량당 포화지방 4g 초과하고 단백질 2g 미만인 식품 3. 1회 섭취 참고량당 당류 17g을 초과하고, 단백질 2g 미만인 식품 4. 1)부터 3)까지 기준 어느 하나에 대당하지 아니한 식품 중 1회 섭취 참고량당 열량 500kcal를 초과하거나 포화지방 8g을 초과하거나 당류 34g을 초과하는 식품 ※ 단, 1회 섭취 참고량이 30g 미만인 식품의 경우 30g으로 환산하여 적용 총 내용량이 1회 섭취 참고량 미만일 경우, 총 내용량을 기준으로 적용(30g 환산 적용 식품은 제외)
식사대용	1. 1회 섭취 참고량당 열량 500kcal를 초과하고 단백질 9g 미만인 식품 2. 1회 섭취 참고량당 열량 500kcal를 초과하고 나트륨 600mg을 초과하는 식품. 다만, 면류(용기면만 해당한다) 중 유탕면류/국수는 나트륨 1,000mg을 적용한다. 3. 1회 섭취 참고량당 포화지방 4g을 초과하고, 단백질 9g 미만인 식품 4. 1회 섭취 참고량당 포화지방 4g을 초과하고, 나트륨 600mg을 초과하는 식품. 다만, 면류(용기면만 해당한다) 중 유탕면류/국수는 나트륨 1,000mg을 적용한다. 5. 1)부터 4)까지 기준 어느 하나에 해당하지 아니한 식품 중 1회 섭취 참고량당 열량 1,000kcal 초과하거나 포화지방 8g를 초과하는 식품

중 2개 이상이 다음의 기준을 충족하여야 한다. 다만, 채소류, 과일류, 견과류, 통곡물, 달걀, 우유를 주원료로 95% 이상 사용한 식품은 다음의 기준을 적용하지 아니한다.

영양성분		기준	
단백질		1회 섭취 참고량당 영양성분 기준치의 10% 이상	1회 섭취 참고량당 5.5g 이상
식이섬유		1회 섭취 참고량당 영양성분 기준치의 20% 이상	1회 섭취 참고량당 5.0g 이상
비타민	A	1회 섭취 참고량당 영양성분 기준치의 30% 이상	1회 섭취 참고량당 210㎍RAE 이상
	B_1		1회 섭취 참고량당 0.36mg 이상
	B_2		1회 섭취 참고량당 0.42mg 이상
	C		1회 섭취 참고량당 30mg 이상
	D		1회 섭취 참고량당 3.0㎍ 이상
무기질	칼슘	1회 섭취 참고량당 영양성분 기준치의 30% 이상	1회 섭취 참고량당 210mg 이상
	철분		1회 섭취 참고량당 3.6mg 이상

③ 식품첨가물의 사용에 관한 기준

다음의 식품첨가물을 사용해서는 안 된다.

- 식용타르색소 : 식용색소 녹색 제3호, 식용색소 녹색 제3호 알루미늄레이크, 식용색소 적색 제102호, 식용색소 적색 제3호, 식용색소 적색 제40호, 식용색소 적색 제40호 알루미늄레이크, 식용색소 청색 제1호, 식용색소 청색 제1호 알루미늄레이크, 식용색소 청색 제2호, 식용색소 청색 제2호 알루미늄레이크, 식용색소 황색 제4호, 식용색소 황색 제4호 알루미늄레이크, 식용색소 황색 제5호, 식용색소 황색제5호 알루미늄레이크
- 보존료 : 프로피온산, 프로피온산나트륨, 프로피온산칼슘, 안식향산, 안식향산나트륨, 안식향산칼륨, 안식향산칼슘, 파라옥시안식향산메틸, 파라옥시안식향산에틸, 소브산, 소브산칼륨, 소브산칼슘, 데히드로초산나트륨
- 그 밖의 식품첨가물

구분		식품첨가물
어육가공품	어육소시지	아질산나트륨, 질산나트륨, 질산칼륨
면류(용기면만 해당)	유탕면류 및 국수	L-글루타민산나트륨

CHAPTER

3

구매관리 조직과 활동

1. 급식소 구매관리 조직의 체계와 형태를 이해한다.
2. 독립된 구매조직의 상단점을 이해한다.
3. 구매조직의 경영기능을 이해한다.
4. 구매담당자의 인적 조건과 담당 업무를 이해한다.

1. 구매관리 조직

1) 구매관리 조직의 의의

구매관리 조직은 물품 구매업무를 담당한 부서에서 구매업무를 수행할 인원을 적재적소에 배치하여 효율적인 구매관리를 돕는 것이다. 이로써 수요와 공급의 시장 변화 여건에 따라 구매업무를 수행하는 데 중요한 기능과 역할을 담당한다. 따라서 기업에서는 구매량과 인건비 절감에 적합한 경제적이고 효율적인 구매관리 조직의 체계화된 편성이 요구된다.

2) 구매관리 조직의 체계

구매관리 조직의 체계는 업체별, 규모별로 차이가 있으나 수행업무는 유사한 형태로 구성된다.

표 3-1 업체별 구매관리 조직의 체계

업체	체계
식품업체	• 대형 및 대규모 조직 • 구매와 자재업무를 통합하여 조달부서에서 업무 수행 • 담당별 업무가 세분화되어 있으며 많은 인원 소요
급식업체	• C/K 활용 ⇨ 중앙공급시스템으로 운영 • 원부재, 반제품, 완제품, 상품 등으로 구분하여 규격화 및 표준화된 물품 공급
외식업체	• C/K 활용 또는 직영 및 가맹점에서 직접 구매

3) 구매관리 조직의 형태

구매관리 조직의 형태에는 구매부서가 별도로 설치되어 구매업무를 전문적으로 관리하는 독립된 구매조직과 체인점의 중앙구매조직의 2가지가 있다.

(1) 구매관리 조직의 형태별 특징

최근 단체급식과 외식업체들의 규모가 커지면서 회사 조직 내에 독립된 구매부서를 별도로 설치하여 구매관리 조직이 세분화되고 있으며, 물품의 종류나 구매량에 따라 구매방법도 다양하게 활용하고 있다.

소규모 급식업체의 경우는 독립된 구매조직이 없어 급식소 관리자가 직접 구매업무를 담당하고 있으며, 대규모 위탁급식업체 및 외식업체는 집중(중앙)구매방식centralized purchasing method과 중앙공급시스템central kitchen system을 채택하고 있어 구매조직의 중요성이 더욱 커지고 있다.

(2) 독립된 구매조직

소규모 외식업체나 단체급식 단위사업상은 조직의 분화보다는 급식소 생산책임자에 의해 구매행위가 이루어지고 있다. 이러한 경우 구매관리와 원가관리에서 부정이나 도난 등의 문제를 야기할 수 있으므로 구매와 생산의 분리를 통한 선의의 상호 견제를 위해 회사 조직 내에 별도의 독립된 구매조직을 설치할 필요가 있다. 즉 독립된 구매조직을 통해 구매업무를 전문적으로 수행하는 것이 이상적이나, 각 업체가 처한 상황이 서로 다르므로 장단점을 충분히 고려하여 적합한 조직을 설치하는 것이 바람직하다.

표 3-2 구매관리 조직의 형태별 특징

독립된 구매조직(회사 내)	체인점의 중앙구매조직(회사 외)
• 소규모 : 소유주가 구매활동 담당 • 중규모 : 물품 사용부서에서 구매활동 담당 • 대규모 : 독립된 구매부서와 창고부서	• 장점 : 저렴한 구매단가와 명확한 분배과정 • 단점 : 체인점과의 불화 발생 가능성, 구매활동을 본사에서 담당

표 3-3 독립된 구매조직의 장단점

장점	단점
• 시장 및 환경 변화에 민첩하게 대응(전문성과 숙련도를 겸비한 전담요원의 배치로 구매 관련 정보를 신속하게 입수) • 구매 관련 정책 수립 및 통제업무 용이(구매부서장과 직접 의사소통 가능) • 안정된 공급처로부터 고품질 저가격 제품 구매 가능	• 별도 조직의 구축으로 비용 부담 증가 • 의뢰부서가 요청한 품질 특성보다 수준 미달의 물품을 공급할 경우 생산 차질 우려 • 물품 조달의 적시성 부족으로 생산 지연 초래 • 구매명세서 작성에 따른 시간 낭비

4) 구매관리 조직의 직무

구매활동에서 원활한 물품 공급과 적정한 재고 유지를 위한 가장 효과적인 원가관리와 경영목표를 달성하고자 각기 담당한 직무를 수행한다 표 3-4.

표 3-4 구매관리 조직의 담당별 직무

담당	직무
구매 관리자	• 구매정책의 총괄업무 • 부서 내 조직 관리 및 통제와 교육·훈련 • 공급업체와 연계망 구축
구매 담당자	• 구매계획 수립 및 발주량 결정 • 시장조사 • 구매명세서 작성 및 관련 서류 보존
검수 담당자	• 구매명세서와 거래명세서의 대조 • 납품된 물품의 확인 및 검수 • 납품된 물품의 저장방법 결정
창고 담당자	• 납품된 물품의 저장 및 적정재고 수준 파악 • 창고의 유지관리 • 관련 서류의 기록 및 보관
사무 담당자	• 구매발주서 작성 • 공급업체 관련 서류의 기록 및 보관 • 예산 및 비용의 출납
원가관리부서	• 원가 및 손익 산출, 재무제표의 작성 • 거래처에 대금 지급 • 관련 서류의 기록 및 보관

2. 구매관리 조직의 경영기능

구매관리 조직은 사용부서에서 필요한 물품을 구매하고 정보를 제공하여 효율적인 경영계획을 수행하는 내부적 기능과 생산 및 가공, 마케팅, 국가정책을 수행하는 외부적 기능이 있다. 구매관리조직이 부문별로 최대한의 성과를 달성하기 위해서는 계획화, 조직화, 지휘화, 조정화, 통제화 등의 관리순환체계가 원활하게 이루어져야 하며, 평가와 피드백feed back을 통해 지속성을 유지하고 경제적 이윤을 창출할 수 있어야 한다.

표 3-5 구매관리 조직의 경영기능

경영기능	수행내용
계획화planning	• 구매 관련 정보의 수집 및 분석 • 구매관리 목표의 선택 및 계획 • 목표 달성 방안의 개발 및 확정 • 구매활동 단계의 결정 • 구매 전략 및 전술 수립
조직화organizing	• 구매 관련 직무 교재의 검토 및 분석 • 직위에 대한 자격 설정 • 구매관리에 필요한 예산, 설비 등 자원 분배 결정
지휘화leading	• 구매명세서와 거래명세서의 대조 • 납품된 물품의 확인 및 검수 • 납품된 물품의 저장방법 결정
조정화coordinating	• 납품된 물품의 저장 및 적정재고 수준 파악 • 창고의 유지관리 • 관련 서류의 기록 및 보관
통제화controling	• 구매발주서 작성 • 공급업체 관련 서류의 기록 및 보관 • 예산 및 비용의 출납

출처 : 홍기운 외, 2003

3. 구매 담당자의 요건

구매활동의 주체는 이를 수행하는 구매 담당자로서 적합한 성격과 기본 교육 수준, 업무 수행능력과 경험이 필요하다.

1) 구매 담당자의 인적 요건

① 청렴결백한 인품

② 신뢰성, 적극성, 근면성, 성실성, 책임감

③ 상황 발생에 대한 융통성과 대처능력

④ 구매 관련 지식과 다양한 경험 구비

2) 구매 담당자의 업무

구매 담당자는 구매를 요구한 부서가 원하는 품질의 식자재와 물품을 최저 가격으로 최적 시기에 공급할 수 있도록 이에 관련된 정보를 공급업체와 구매부서에 상호 전달하는 역할을 수행한다. 따라서 물품의 특성, 감별, 관련 법규 및 유통경로에 대한 전문적인 지식 외에 경영기능도 함께 갖추어야 한다. 아울러 상품기획자로서 식자재 구입, 생산과 분배, 서비스의 기능까지 전 과정을 알아야 하며, 다양한 경험을 바탕으로 새로운 거래처와 신상품 개발, 상품기획 등의 업무를 책임진다.

표 3-6 구매 담당자의 업무

주요 업무	세부내용
기획	• 구매계획서 작성 • 구매 결과 및 실적 분석
원가 결정 및 관리	• 주기 및 단위별 구매원가 결정 • 구매원가, 경쟁업체, 경쟁지수 관리
구매시장 조사	• 경쟁 급식회사의 가격 비교 및 분석 • 시황 분석
식자재 결정	• 발주 단위 및 규격 결정 • 신상품 개발
공급업체 관리 및 등록	• 공급업체와 거래약정서 체결 • 공급업체 관리 및 평가 • 공급업체별 구매품목 결정
구매방법 결정	• 품목별로 경쟁력 있는 구매방법 결정
대금지급 확인	• 공급업체별 대금 지급 시기와 방법, 금액 확인
고객관리	• 시황 및 식자재 정보사항 공지 • 식자재 모니터링

출처 : 황언석, 2000; 양일선 외, 2018 재구성

사례

CJ 프레시웨이 식자재 구매 담당자merchandiser, MD의 직무

직무 소개

상품의 A부터 Z까지 관리하는 회사 이익의 책임자

MD 업무는 단순히 상품을 구매하는 것에서 끝나지 않고 매입부터 판매까지 모든 것을 관장하는 회사 이익의 책임자입니다. 단순 구매를 Sourcing, 즉 조달이라 한다면 Merchandising(MD)은 가장 적합한 상품을 적합한 가격에, 정확한 타이밍에 구매하어 판매 확대를 할 수 있는 전략과 마케팅을 바탕으로 영업사원(MA)와 혼연일체가 되어 최적의 판가를 통해 회사에 최대의 이익을 끌어낼 수 있는 능력과 책임감을 가져야 하는 직무입니다. 이를 바탕으로 궁극적으로 조직의 경영목표를 달성하는데 기여해야 합니다.

맡은 상품의 모든 것을 꿰뚫는 전문가

회사의 계획과 목표를 달성해야 하는 것이 1순위이며 MD는 이런 목표 달성을 위해 맡고 있는 모든 상품의 하나부터 열까지 파악하고 있는 최고의 전문가가 되어야 합니다. 월 별, 계절 별, 년 단위의 원료의 시황변화, 가격변화, 경쟁사와의 관계, 공급업체들의 성향 등 모든 것을 꿰뚫고 있어야 하며 상황에 맞는 완벽한 대응을 위한 적시성을 강화하는데 힘을 쏟을 수 있어야 합니다.

필요 역량

숫자 분석을 위한 꼼꼼함, 마지막까지 달성할 수 있는 근성이 필요합니다.

상품의 매입부터 마지막 판매 후 고객에게 도달하는 그 순간까지, 단계마다 당사에 미치는 매출과 이익, 비용에 대해 정확하고 날카로운 계획이 수반되어야 합니다. 이를 위해서는 MD가 갖고 있는 자료를 수치화 할 수 있는 능력과 계획/실적을 관리하여 최대한 계획수준 혹은 그 이상에 가깝게 운영할 수 있는 분석능력이 필요합니다.

회사의 전략과 마케팅 방안을 이해하고 진행할 수 있는 추진력, 이를 모든 이해관계자와 공유할 수 있는 커뮤니케이션 능력 또한 필요합니다. 회사가 나아갈 방향과 이를 위한 갖가지 전략과 마케팅 방안을 명확히 이해할 수 있는 능력이 필요합니다.

MD가 발굴한 최적의 상품을 시장에 확대하기 위해서는 회사 내외의 모든 이해관계자와 함께 협력해야 합니다. 기본적으로 영업사원(MA)뿐만 아니라 상품을 공급하는 협력업체, 상품을 매입하는 고객처들과도 작게는 당사 상품의 경쟁력부터 크게는 당사의 중장기적인 목표를 공유하여 함께 이끌어나갈 수 있는 커뮤니케이션 기술도 필요합니다.

비전

MD 업무를 통한 전문성 강화를 바탕으로 구매 전문가가 될 수 있습니다.

각각의 상품 특성에 따라 업무를 진행하는데 약간의 차이는 있을 수 있으나 기본적인 형태는 동일하며 당사의 영업경로는 타 경쟁업체에 비해 훨씬 다양하고 깊이 있는 수준이기에 타 업체의 식품 MD보다 훨씬 큰 경쟁력을 갖고 있습니다. 개인의 노력 여하에 따라서 산업 내 최고의 경쟁력을 갖춘 MD가 될 수 있으며 각 MD의 의견이 시장 내에서 가장 큰 영향력을 미칠 수 있는 구매 전문가가 될 수 있습니다. 이를 통해 시장 자체를 당사의 상황에 맞춰 변화 시킬 수 있는 무궁무진한 미래를 만들어 낼 수 있습니다.

회사의 전반적 업무에 대한 높은 이해를 바탕으로 회사 최고 경영자의 길을 걸을 수 있습니다.

MD는 시장 내에서의 영향력 뿐만 아니라 회사 내에서도 모든 부서와의 co-work을 통한 회사 전체에 대한 이해도를 최대한으로 끌어올릴 수 있는 기회가 있습니다. 이를 바탕으로 회사를 운영할 수 있는 경쟁력을 갖출 수 있습니다.

출처 : CJ 프레시웨이 홈페이지
(http://www.cjfreshway.com/recruit/job.do)

3) 구매 담당자의 윤리적 자질

윤리경영의 도입이 조직의 필수 요건으로 작용하면서 정치, 경제, 사회 등 다방면에서 윤리ethics가 강조되고 있다. 기업의 자금 흐름에서 큰 부분을 차지하는 구매분야에서도 윤리가 강조됨에 따라 급식조직도 구성원이 행동해야 하는 윤리지침 또는 윤리규범을 마련하여 구매부서와 구매 담당자에게 제시하고 있다.

윤리지침은 구매 담당자가 일상적인 업무 수행 시 적용해야 하므로 구체적으로 제시해야 하며, 상위 경영층부터 일선 종업원까지 모든 직원이 숙지하고 실천할 수 있어야 한다.

알아두기

미국레스토랑협회national restaurant association, NRA의 구매 관리자 윤리강령

1. 나는 모든 거래에서 회사의 이익을 지향하고 회사의 대표자로서 행동하며 회사의 경영방침을 믿고 이에 따른다.
2. 나는 성실한 업무는 오직 정직하고 공정한 관계에 기초하여 유지됨을 인정한다.
3. 나는 내게 주어진 업무를 충실히 수행할 것에 동의한다.
4. 나는 사업상 방문한 모든 사람에게 신속하고 친절하게 대응한다.
5. 나는 정당한 경쟁을 해치거나 신용을 손상시키는 언행을 하지 않으며, 신용으로 얻은 정보를 경쟁적 상거래 시에 부당한 이득을 얻기 위해 발설하지 않는다.
6. 나는 명세서와 표준을 개발하고자 노력함으로써 품질을 인정받은 공급자들이 거래 시에 편견 없이 경쟁할 수 있도록 최선을 다한다.
7. 나는 내 결정을 좌우할 우려가 있는 뇌물 또는 여흥을 받거나 이를 고무시키지 않음으로써 공정한 거래를 유도한다.
8. 나는 모든 형태의 뇌물을 거부할 것이며, 그러한 상황에 부딪히면 이를 언제든지 폭로할 것이다.
9. 나는 항상 생산품, 물자, 자재 및 생산공정을 최신화하여 운영자가 요구하는 가장 유리한 가격에 적정한 품질의 물건을 제공받는다.
10. NRA와 이 협회의 식품구매 관리자들은 식품구매의 발전과 지위 향상을 위한 활동에 참여하고 있으며, 나 또한 이 프로그램에 참여하고 이를 지원할 것에 동의한다.

CHAPTER

4

구매 계획과 계약

1. 구매계획의 수립단계를 이해한다.
2. 구매 계약방법을 분류하고 방법별 특징을 이해한다.
3. 구매 유형을 분류하고 유형별 특징을 이해한다.

1. 구매계획의 수립

구매는 교환과정의 첫 번째 관리기능으로 경영관리 측면에서 원가관리를 통한 재무이익을 실현할 수 있는 중요한 공정이며, 고객의 요구needs가 날로 다양해지면서 상품의 종류, 품질, 안전에 대한 관심 또한 높아져 구매계획의 필요성이 증대되고 있다. 또한 농수산물, 축산물, 가공식품의 생산지가 다국적화되고 있으며 용도의 다변화, 구매물품의 광역화 및 다각화로 인해 체계적인 조직에서의 구매계획 수립이 절실한 상황이다.

1) 구매계획을 위한 기초조사

바람직한 구매활동은 적정한 품질과 수량의 물품을 적정한 시기에 적정한 가격으로 적정한 공급원으로부터 구입·공급하는 것으로, 구매계획 수립 시 사전에 다음과 같은 기초조사가 선행되어야 한다.

- 구매물품의 재고 현황, 생산 및 판매 계획
- 구매 관련 내부·외부의 정보조사 및 문헌조사
- 구매물품의 가격조사, 공급업체조사, 거래조건·물가동향 등의 시장조사
- 급식조직 내 설비·장치·장소·저장능력 및 활용도 검토
- 수송수단, 유통구조, 비용의 조사
- 구매물품 및 공급처의 과거 기록 조사

2) 구매계획의 수립 절차

원활한 구매계획을 수립하기 위해서는 조직의 정책결정과 판매계획을 먼저 마련하고, 다음으로 생산계획을 세운 후 과학적·경제적 효율성을 고려해야 한다. 구매계획의 수립은 방침계획, 구매계획, 생산 및 판매 계획의 각 단계에서 필요한 업무내용을 세분화하여 작성한다 그림 4-1.

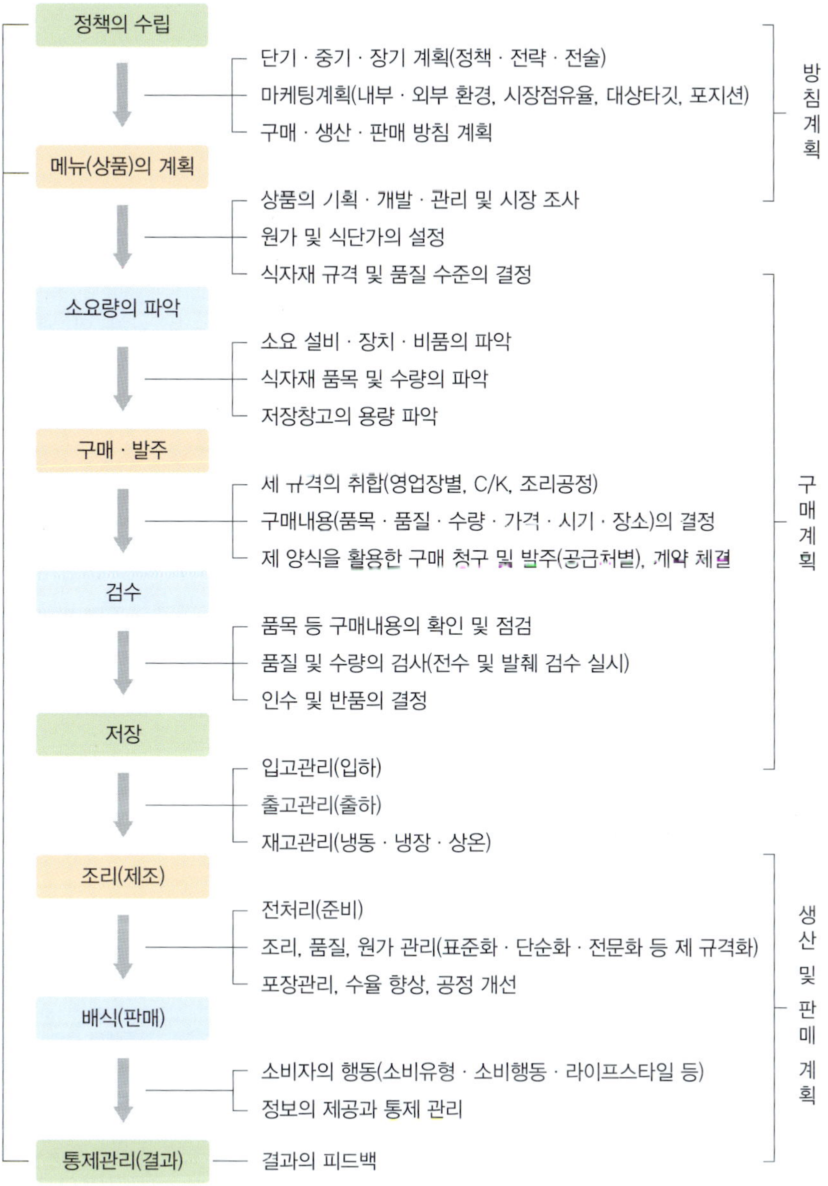

그림 4-1 구매계획 수립의 흐름

출저 : 박정숙, 2011 수정

(1) 방침계획

방침계획은 기업의 경영계획을 위한 기본지침이며 정책의 실행을 위한 규정으로서 주로 중장기적인 정책 수립과 상품 결정을 위한 전략 및 전술을 수립하고 상품에 대한 마케팅 전략과 방향을 설정하는 단계이다.

(2) 구매계획

구매계획은 재고물량을 확인한 후 필요량을 파악하고 발주, 검수, 저장 및 재고 관리를 계획하는 단계이다. 구매계획은 조직의 중장기계획하에서 집행해야 하며, 월별·분기별·1년 단위로 수립한다.

사례

다양한 구매프로세스로 구매경쟁력을 강화하고 있는 '푸드머스'

대표적인 식자재 전문 유통기업인 '푸드머스'는 신선하고 엄선된 식자재 공급을 통한 고객만족 가치를 실현하고자 급식소에서 사용하는 모든 식자재를 일괄 공급하고 유통단계 축소, 공동구매, 비축구매, 통합구매, 가공센터, 집배센터, 해외 소싱 등의 구매프로세스를 통해 구매경쟁력을 강화하고 있다.

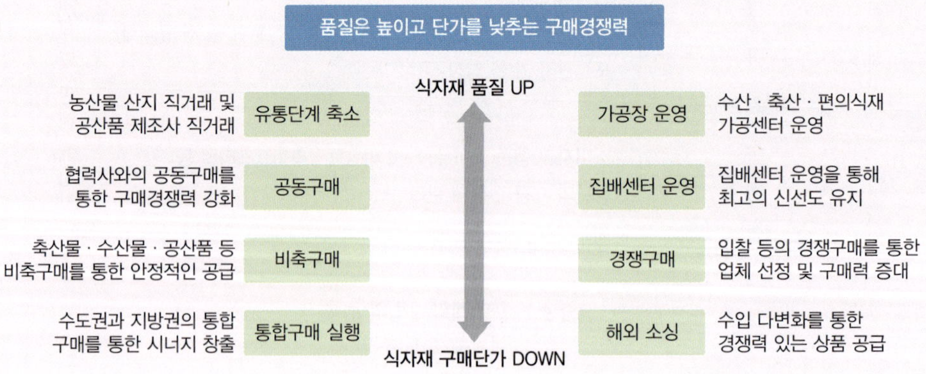

출처 : (주)푸드머스 홈페이지(http://www.foodmerce.com/system/supply/supplyprocess.do)

(3) 생산 및 판매 계획

생산 및 판매 계획은 구매계획의 기초가 되며 급식업체, 외식업체, C/Kcentral kitchen(중앙식 주방) 등에서 이루어지는 생산활동에 의해 음식이 생산되고 고객에게 판매 및 소비되는 단계이다. 이때 구매결과를 바탕으로 음식을 평가하고 지속적으로 정보를 분석하여 수정·보완이 이루어져야 한다.

2. 구매 유형

구매 유형은 구매에 참여하는 구매 주체, 구매기간, 계약방법, 기타(리스, JITjust in time purchasing) 등에 따라 분류할 수 있으며, 구매하려는 물품의 특성, 구매량, 시장소선, 조직 규모 등 구매 부분의 업무 범위에 맞는 적합한 유형을 선택해야 한다.

1) 구매 주체에 따른 구매

구매 주체에 따른 구매 유형은 급식소의 수, 구매량, 구매 부서 및 구매 담당자의 존재 여부, 물품의 특성, 시장 조건, 조직 규모, 구매업무 범위 등에 따라 분산구매, 집중구매(중앙구매), 공동구매 및 창고클럽구매로 다시 나눌 수 있다. 규모가 큰 위탁급식업체와 외식업체의 경우 집중구매를 통해 구매업무를 수행하고 있으나, 소규모 급식소와 단위사업장은

표 4-1 구매 주체에 따른 구매 유형의 특성

분류	분산구매	집중구매	공동구매
급식소의 수	1개 급식소	다수의 급식소 (같은 소속의 급식소들)	다수의 급식소 (다른 소속의 급식소들)
구매량	소량	내량	대량
구매 부서 및 구매 담당자의 존재	없음	있음	상황에 따라 다름

출처 : 양일선 외, 2019 수정

분산구매 또는 공동구매를 이용하고 있다.

(1) 분산구매

분산구매decentralized purchasing는 독립구매independent purchasing 또는 현장구매, 비중앙구매라고도 하며, 조직의 부서단위 또는 각 사업장에서 필요로 하는 물품을 독립적으로 구매하는 방식이다. 분산구매는 소규모 식당이나 단체급식소에서 이용할 수 있으며, 구매하고자 하는 식자재의 가격 차이가 심하지 않을 때, 소품목 소량 단위를 구매할 때 적합하다.

표 4-2 분산구매의 장단점

장점	단점
• 구매절차가 간단하고 단시간에 신속한 구매가 가능하다. • 근거리 구매로 운임 등의 경비가 절감된다. • 서비스 측면에서 유리하다. • 긴급 수요가 발생했을 때 유리하다.	• 소량 구매에 따른 경비와 구입단가의 상승으로 비경제적이다. • 공급처의 위치가 원거리인 경우 적합한 시기에 구매하기가 어렵다.

(2) 집중구매

집중구매는 중앙구매centralized purchasing라고도 하며 본사나 조직 전체에서 필요한 물품을 특정 조직(예 구매부서)에 집중시켜 구매하는 방법이다. 규모가 큰 위탁급식업체나 단체급식소, 외식업체, C/K을 운영하는 프랜차이즈업체, 식품회사 등에서 주로 사용한다. 특히 조직에서 공통적으로 사용하는 물품이나 고가 품목, 구매절차가 복잡한 물품의 구매에 적합하다.

일관된 구매방침의 확립과 전문적인 구매활동으로 인한 효율성 증대, 비용 절감을 기대할 수 있으며 구매책임자와 최고경영자가 직접 의사소통을 하게 되므로 통제가 원활하다. 그러나 구매절차가 복잡하고 저장창고와 같은 별도의 시설이나 장소를 구비해야 하는 문제가 있다.

표 4-3 집중구매의 장단점

장점	단점
• 대량 구매에 따른 비용 절감으로 구입단가를 최소화할 수 있다. • 구매물품에 대한 전문성과 경쟁력 제고가 가능하다. • 구매조직의 집중도가 향상되고 거래처관리가 용이하다. • 효과적인 재고관리로 재고량 감소를 기대할 수 있다.	• 구매절차가 복잡하고 비능률적이다. • 구매에 장시간이 소요된다. • 긴급하게 구매할 품목이 있을 때 불리하다. • 구매의 자립성이 없고 수속이 복잡하다.

사례

'푸드머스'의 한발 앞선 서비스, Total Service Solution

㈜푸드머스는 바른먹거리 문화를 선도하는 풀무원의 자회사로서, 다양한 구매 채널을 활용하여 위생적이고 안전이 검증된 고품질의 식자재를 저렴하고 안정적으로 신속하게 공급하기 위해 체계적인 시스템을 구축하여 운영하고 있다.

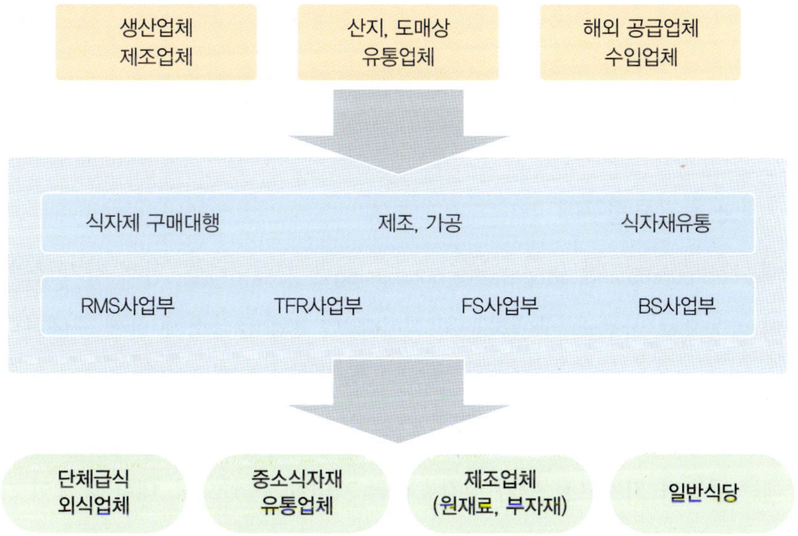

출처 : ㈜푸드머스 홈페이지(http://www.foodmerce.com/system/supply/supplyIntro.do)

사례

현대그린푸드 식자재 물류시스템

현대그린푸드는 창고관리시스템(WMS)과 운송이동시스템(TMS) 구축을 통해 전문적이고 차별화된 물류서비스를 제공한다. 공급망 관리를 통하여 산지에서부터 고객 납품의 전 과정을 통합 관리함으로써 최상의 품질을 제공하도록 하고, 철저한 온도관리 및 위생관리 항목 준수를 통한 안전한 상품을 배송하고 있다.

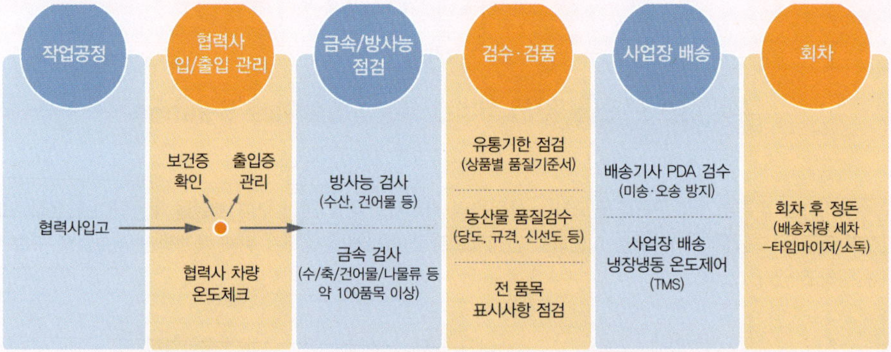

출처 : 현대그린푸드 홈페이지(https://hyundaigreenfood.com/po/is/lgs/ISLGS02L.hgc)

(3) 공동구매와 창고클럽구매

공동구매group purchasing, cooperative purchasing란 협력구매를 위해 각기 소속이 다른 급식소들이 공동으로 물품을 구매하는 방식이다. 다수의 급식소가 함께 구매한다는 점에서는 집중구매와 비슷하나, 공동구매의 경우 다수의 급식소가 다른 조직에 속해 있는 것이 집중구매와 다른 특징이다.

공동구매는 규모가 커지므로 원가 절감효과를 기대할 수 있으며, 대량 공급이 가능한 공신력 있는 공급업체의 선정으로 공급력 개선에 도움이 된다. 그러나 원활한 공동구매를 위해서는 구매품목에 대한 명세서에 참여 급식소들의 동의를 얻어야 하고, 사전에 물품 운송 및 납품 등에 대한 세부사항을 결정하는 절차를 거쳐야 한다. 그럼에도 불구하고 최근 학

그림 4-2 학교급식 구매 시스템

출처: 농수산물사이버거래소 홈페이지(http://school.eat.co.kr/index.jsp)

교급식을 중심으로 식자재의 효율적인 구매와 친환경농산물 사용 확대를 통해 학교급식의 질이 향상되고, 급식 물품의 계약과 구매과정의 공정성 및 투명성 확보, 구매 관련 행정업무 경감 등의 긍정적인 반응이 나타나고 있어 학교 급식 물품 공동구매를 실시하는 지자체가 늘어날 전망이다.

창고클럽구매는 창고형 점포 또는 웨어하우스 스토어warehouse store라고도 하는데, 급식소에서는 일반적으로 잘 활용하지 않는 방법이다. 창고클럽구매는 판매원의 서비스 없이 구매자가 직접 창고에 진열되어 있는 물품을 구매하므로 가격이 매우 저렴하다. 철저한 저가정책을 실시하고 다품목을 취급하는 구매법이다.

(4) JIT구매

JIT구매just in time purchasing는 생산에 필요한 식재료 및 물품을 필요한 즉시에 구입·생산하여 재고를 남기지 않는 기법으로, 저장기간 동안 품질이 급격히 떨어지는 채소, 과일, 고기, 생선과 같이 당일 입고하여 당일 사용하는 신선식품을 비롯한 비저장품 등의 관리에 사용한다. 급식소에서 JIT 구매방식을 사용하면 재고상의 기록이 남지 않고 좋은 품질의 신선한 음식을 최대한 낮은 가격으로 소비자에게 제공할 수 있으며, 최근 물류센터를 통한 식재료 유통이 활발해지면서 우리나라의 경우 학교급식소에서 많이 이용되고 있다. 이 구매방법은 운반비용이 저렴하고 주변의 공급업자와 좋은 거래관계가 유지될 때 활용도가 높다.

2) 구매기간에 따른 구매

구매기간에 따른 구매방법으로는 정기구매와 수시구매, 당용구매와 장기계약구매, 일괄위탁구매 등이 있다.

(1) 정기구매와 수시구매

정기구매는 일정 기간을 두고 정기적으로 구매하는 방법으로, 지속적으로 사용되는 물품을 구입할 때 이용한다. 적정 물품 재고량을 고려하여 구매하거나 판매 및 생산 계획을 토대로 주기적 구매가 이루어진다. 보통 쌀, 조미료 등 소모가 일정한 물품을 구매할 때 사용하는 방식이다.

수시구매는 구매의 필요성이 느껴질 때마다 또는 비정상적 상황이 발생하거나 사용부서에서 구매요구서가 들어올 때마다 수시로 구매하는 방법이다. 대체로 생선, 육류, 채소 등의 신선한 식자재를 구입할 때 활용한다.

(2) 당용구매와 장기계약구매

당용구매는 최단기구매라고도 하며 당장 필요한 물품을 즉시 구매하는 방법이다. 계절성 품목, 일시적 품목, 비저장품목, 소량품목의 구매에 적합하다. 재고량의 감소로 저장비용의 절감과 구매품목의 가격 하락이 예상될 때 유리하지만 소량 품목 구매 시에는 가격이 높아질 수 있다 표 4-4.

표 4-4 당용구매의 장단점

장점	단점
• 재고 감소로 저장비용을 절약할 수 있다. • 초과 구매를 방지할 수 있다. • 가격 하락이 예상될 때 유리하다.	• 조달비용이 증가한다. • 소량 구매 시와 구매량이 일정하지 않은 경우 가격 결정에 불리하다.

장기계약구매는 장기계약을 체결한 후 일정 시기마다 일정량을 납품하도록 하는 구매방법으로, 특정 품목을 계속해서 대량으로 구입할 때 유용하다. 가격 변동 폭이 적은 품목을 장기계약을 통해 안정적으로 저렴한 가격에 공급받을 수 있다는 장점이 있다.

(3) 일괄위탁구매

일괄위탁구매one stop purchasing, single sourcing는 전문가에게 구매하고자 하는 물품의 구입원가를 명백히 책정하고 일괄 위탁하여 구매하는 방법이다. 구매하고자 하는 물품이 소량이면서 다품종인 경우 구매 담당자가 구매물품에 대한 정보와 내용을 정확하게 파악하기 어려울 때 활용하면 노동력을 줄일 수 있으나 전문가의 채용으로 비용이 증가한다.

3) 계약방법에 따른 구매

계약방법에 따른 구매에는 공식적 방법인 경쟁입찰계약과 비공식적 방법인 수의견적이 있다(81쪽 '구매 계약방법' 참고).

3. 구매 계약

계약이란 사법상의 효과인 채권·채무의 발생을 목적으로 서로 대립되어 있는 2개 이상의 의사가 합치함으로써 청약과 승낙으로 합의에 도달하는 법률 행위이다.

1) 구매 계약의 성립

구매 계약은 구매할 물품에 대한 해당 내용의 계약을 체결할 것을 상대방에게 요청하는 청약 행위와 상대방이 제시한 그 계약 내용에 합의를 표명하는 승낙으로 성립된다. 구매 계약의 법적 효력은 '입찰'이라는 청약 행위가 '낙찰'에 의해 승낙되어 승낙된 사실이 낙찰자에게 통보된 후 낙찰자가 접수한 순간부터 발생한다 **그림 4-4 참고**.

2) 구매 계약의 해제 및 해지

구매 계약의 효력은 계약의 해제나 해지, 계약 종료로 소멸될 수 있다. 구매계약의 해제는 계약 체결로 발생하는 법률 효과를 소급하여 무효화하는 것을 말하며, 상대방의 동의를 필요로 하지 않고 해제권을 가지고 있는 자의 일방적인 의사표시로 결정된다. 납품업자 측이 계약내용을 불완전하게 이행하거나 납기 및 계약내용을 이행할 수 없는 상황, 구매자의 재고물량 증가 또는 생산계획의 변경 등과 같이 구매자 측의 사정에 의해서도 구매계약이 해제될 수 있다.

구매 계약의 해지는 '계약의 효력이 소멸된다'는 뜻에서는 해제와 같으나 계약 체결 당시로 소급되지 않고 미래에 대한 법률효과만을 무효로 함을 말하며 손해배상을 청구할 수 있다.

3) 구매 계약의 방법

구매 계약의 방법은 크게 입찰에 의한 방식과 협의에 의한 수의견적으로 구분하며 그림 4-3 그 방법에 따라 공급업체의 선정과정이 달라질 수 있다.

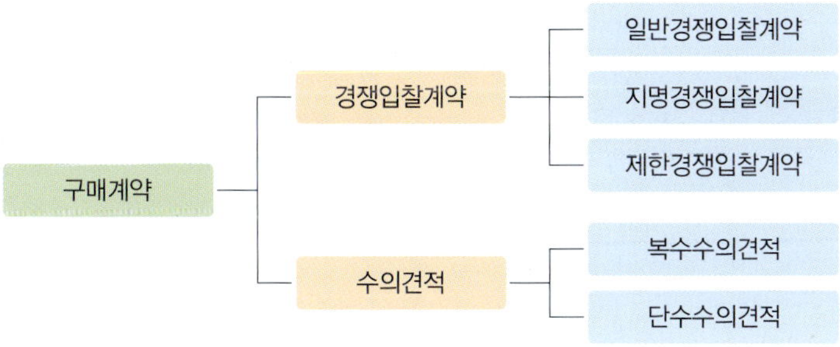

그림 4-3 구매 계약의 방법

(1) 경쟁입찰계약

경쟁입찰계약은 공식적 구매formal purchasing방법으로, 여러 공급업체 중 급식소가 원하는 품질의 물품을 가장 적당한 가격으로 제시한 업체와 계약을 체결하는 것이다. 경쟁입찰계약은 일반경쟁입찰, 지명경쟁입찰, 제한경쟁입찰로 나눈다.

① 일반경쟁입찰

일반경쟁입찰은 불특정 다수의 공급업체를 대상으로 입찰과 계약에 관한 사항을 신문, 관보, 게시판 등에 공고하고 상호 경쟁을 유도하여 미리 정한 예정가격의 범위 내에서 타당성 있는 가격을 제시한 공급업체를 선정하여 계약을 체결하는 방법이다. 공고는 통상적으로 10일(긴급일 경우 5일) 동안 하며 입찰공고, 입찰(응찰), 개찰, 낙찰, 계약 체결의 순서로 이루어진다 그림 4-4.

그림 4-4 일반경쟁입찰계약의 체결 절차

② 지명경쟁입찰

지명경쟁입찰은 일반에게 공고하지 않고 특별한 자격조건(전문기술·설비 등)을 구비한 공급업체를 미리 선정·지명하여 입찰에 응하도록 유인함으로써 가장 유리한 상대방을 선정하여 계약을 체결하는 방법이다. 계약의 성질이나 목적상 경쟁자가 소수인 경우 또는 일반경쟁입찰이 불리하다고 판단되는 경우에 적합하다. 지명경쟁입찰은 자격요건을 갖춘 상대방을 선정·지명하고 이를 통지한 후 등록을 거친 다음 계약을 체결한다.

③ 제한경쟁입찰

제한경쟁입찰은 계약내용을 공고할 때 일정한 자격요건을 구비한 입찰자만이 참가하도록 제한하는 방법이다. 유자격자만이 입찰에서 경쟁하게 되어 가장 유리한 입찰자를 선정하고 계약을 체결한다. 지명경쟁입찰과 제한경쟁입찰은 불성실한 업체의 입찰자격을 배제할 수 있어 계약 이행의 확실성을 보장할 수 있다. 특수한 품목, 기술, 풍부한 경험과 실적을 요하는 경우에 적합하나, 학교급식소의 경우 '집단급식소 식품판매업' 신고업체만이 식재료를 공급할 수 있도록 제한하고 있다.

(2) 수의견적

수의견적은 비공식적 구매informal purchasing방법으로, 경쟁 없이 계약내용을 이행할 자격을 가진 특정인과 협의하여 견적을 받는 것으로 경쟁계약과 반대되는 개념이다.

표 4-5 구매 계약방법별 특징

구분	경쟁입찰계약	수의견적
종류	• 일반경쟁입찰 • 지명경쟁입찰 • 제한경쟁입찰	• 복수수의견적 • 단수수의견적
법적 효력	• 계약서	• 발주서
장점	• 공평한 기회를 부여한다. • 구매절차가 공정하다. • 유의한 가격으로 구매하므로 경제적이다. • 새로운 공급업체의 개발이 용이하다. • 공개적으로 이루어지므로 구매계약 시 생길 수 있는 의혹과 부조리를 미연에 방지할 수 있다.	• 절차가 간편하다. • 계약에 소요되는 경비와 인원이 절감된다. • 신용이 확실한 공급업체의 선정이 가능하다. • 안정된 거래가 가능하다. • 물품 인수가 신속하다.
단점	• 자격 미달 업자의 참여를 방지할 수 없다. • 과정이 복잡하여 긴급 상황에서는 부적합하다. • 업자 간의 담합으로 비싼 단가에 낙찰되거나 계약 체결이 실패할 수 있다.	• 구매자의 구매력을 제한한다. • 구매의 공정성이 부족하고 경쟁력이 미흡하다. • 가격협상 시 불리한 가격으로 계약할 수 있다. • 새로운 거래처를 발굴하기가 어렵다.
적용	• 대규모 급식소 및 정부 지원 급식시설인 경우 • 저장성이 높은 식품을 구매하는 경우 • 시간적 여유가 충분한 경우 • 새로운 공급업체를 찾고자 하는 경우	• 경쟁입찰에 의한 계약체결이 실패한 경우 • 계약가격이 소액인 경우 • 소규모 급식소, 소량 구매, 공급업체가 한두 곳으로 제한된 경우 • 시간이 촉박한 경우 • 시장가격이 불안정한 경우 • 신선한 식품을 구매할 경우

○○초등학교 공고 제20○○-18호

급식물품구매 전자입찰공고(소액수의)

1. 입찰에 부치는 사항

• 구매물품내역

건명	납품기간	입찰서 제출기간	개찰일시 및 장소	규격 및 내역서
20○○학년도 5~8월 수산물 급식물품(수산물) 참조	20○○. 5. 1~ 20○○. 8. 31	20○○. 4. 16~ 20○○. 4. 20	20○○. 4. 20. 11:00	붙임 입찰집행관 PC '급식물품내역'

• 기초금액 : 일금삼천이백사십사만이천 원(₩ 32,442,000원)
• 납품장소 : ○○초등학교 급식실
• 납품방법 : 납품 요청하는 물량을 지정일시, 지정장소에 날짜별 분할 납품
• 학교급식운영에 따라 물량이 변동될 경우 물품단가는 계약단가에 준하며 계약에 없는 품목은 본교 시장조사가격을 적용합니다.

2. 입찰 및 계약방식

• 소액수의견적 제출에 의한 전자입찰입니다.
• 지역제한입찰입니다.
• 예정가격은 복수예정가격으로 결정됩니다.
• 본 물품구매는 청렴계약제 시행대상입니다.

3. 입찰참가자격

• 지방자치단체를 당사자로 하는 계약에 관한 법률 시행령 제13조 및 동법 시행규칙 제14조에 의한 유자격자로 사업장 소재지가 경기도에 있는 자로서 공산품 도·소매 사업허가를 득한 업체에 한합니다.
• 식품위생법 시행령(2007. 12. 13) 및 시행규칙(2008. 1. 21) 개정에 의한 집단급식소 식품판매업종 및 준수사항 등 신설과 관련하여 '집단급식소 식품판매업'영업신고를 득한 사업자에 한합니다.
• 지사인 경우 법인등기부상 지점등기가 되어 있고 사업자등록을 한 업체(자)이어야 합니다.
• 급식품 공급에 필요한 시설, 냉동차량, 점포를 소유 또는 임차하고 있는 업체(냉동탑차로 납품, 차량 내부 온도를 확인할 수 있는 온도계 비치)에 한합니다.
• 영업배상책임보험에 가입된 업체(1인당 1천만 원, 1사고당 3억 원 이상)에 한합니다.
• 본 물품구매는 전자입찰방식으로 집행되므로 조달청 전자입찰 이용자등록을 필한 자여야 합니다[전자입찰 미등록업체인 경우에는 조달청 전자입찰시스템에 가입하여 공인인증기관의 인증서를 받은 후 입찰집행일 전일까지 조달청 입찰 홈페이지(http://www.g2b.go.kr)의 전자입찰시스템에 이용자 등록을 해야 합니다].
• 미자격자가 고의로 입찰에 참가하거나, 지방자치단체를 당사자로 하는 계약에 관한 법률 시행령 제92조에 해당된다고 판단될 경우에는 관계규정에 따라 부정당업자로 제재할 수 있습니다.
• 동일업체가 2가지 이상의 품목에 입찰할 수 없습니다.
• 물품은 명시된 규격이며 모든 물품은 상품으로, 수입으로 표시된 품목 외에는 국산입니다.
• 물품납품시간은 본교 지정시간으로 하며, 납품기간 내 본교에서 요청하는 물량에 대해 지정일시 및 장소에서 일별로 본교 담당자의 검수를 받아야 합니다.

4. 현품 설명

• 별도의 현품 설명은 없으며, 공고기간 중 규격 및 내역서 등에 대해 문의사항이 있으면 본교 행정실(☎ 031-123-1234) 또는 영양사실(☎ 031-123-1234)로 문의하시기 바랍니다.

5. 입찰서 제출

• 본 입찰은 전자입찰로만 집행하며, 전자입찰서는 조달청 전자입찰 인터넷 홈페이지(www.g2b.go.kr)의 국가종합전자조달시스템을 이용하여 제출해

그림 4-5 구매 입찰공고의 예 (계속)

야 합니다. 본 입찰은 전자입찰 입찰자 신원확인제도가 적용됨에 따라 개인인증서를 보유한 대표자(또는 사전에 등록된 입찰대리인)만이 입찰서 제출이 가능합니다.

- 입찰서 제출기간 : 상기 1항 참조(※ 입찰서 제출은 24시간 가능)
- 입찰서의 제출 확인은 전자입찰시스템 웹송신함에서 하시기 바랍니다.
- 한번 제출한 입찰서는 취소하거나 수정할 수 없습니다. 단, 조달청 물품구매전자 입찰특별유의서 제10조에 따라 입찰의 취소를 신청한 경우 입찰집행관은 입찰서를 무효처리할 수 있으며, 이 경우 취소의사를 표시한 입찰자는 당해 제조·구매입찰에 대해 재입찰을 할 수 없습니다.
- 전자입찰시스템 또는 전송회신의 장애로 입찰이 연기된 경우 전자입찰시스템 장애 발생 이전에 유효하게 접수된 입찰서는 연기된 입찰에 유효하게 접수된 것으로 보며, 입찰시를 다시 제출할 수 없습니다.

6. 입찰보증금

- 지방자치단체를 당사자로 하는 계약에 관한 법률 시행령 제37조 및 제38조의 규정에 의해 입찰보증금 납부는 전자입찰서의 납부이행각서로 갈음하며, 낙찰자가 정해진 기일 내에 계약을 체결하지 않을 때에는 입찰보증금은 동백초등학교회계에 귀속됩니다.

7. 개찰 및 낙찰자 결정

- 입찰집행(개찰)일시 : 상기 1항 참조
- 개찰장소 : ○○초등학교 행정실 입찰집행관 PC
- 개찰 결과 견적서 제출자가 1인뿐이거나 없을 경우에는 지정정보처리장치(www.g2b.go.kr)에 의하지 않고 2인 이상 견적서를 받아 계약상대자를 결정합니다.
- 본 입찰은 지방자치단체를 당사자로 하는 계약에 관한 법률 시행령 제42조의 규정에 의거, 예정가격 이하의 낙찰하한율 87.745% 이상 최저가격으로 견적을 제출한 자를 낙찰자로 결정합니다.
- 동일가격으로 입찰한 자가 2인 이상일 때에는 동가 업체 모두 참석하여 추첨으로 낙찰자를 결정합니다
- 아동급식 물품의 품질 저하 방지를 위해 낙찰자 외의 타인에게 위임 또는 양도하여 납품할 수 없습니다.

8. 입찰의 무효

- 지방자치단체를 당사자로 하는 계약에 관한 법률 시행령 제39조 제4항, 동법 시행규칙 제42조, 물품구매입찰유의서 제12조 규정에 의합니다.

9. 청렴계약 이행사항

- 청렴계약 이행을 위한 입찰특별유의서 제2조 제1항 규정에 의해 의무적으로 제출하게 되어 있는 청렴계약이행각서(업체 제출용)의 제출방법은 아래와 같습니다.
  - 입찰에 참가하는 모든 업체는 청렴계약 입찰특별유의서 제2조 제1항에 의거, 청렴계약이행각서를 제출한 것으로 간주합니다.
  - 낙찰대상자로 선정된 업체는 대표자가 서명하여 계약체결 시 제출해야 합니다.
  - 청렴계약 이행에 관한 사항은 본교에 비치된 서식을 사용하실 수 있습니다.

10. 기타 참고사항

- 입찰에 참가하는 자는 입찰공고조건, 물품구매입찰유의서, 물품구매계약일반조건, 물품구매계약특수조건, 물품구매전자입찰특별유의서, 공공입찰통합관리시스템 입찰자용 이용약관 및 기타 입찰에 필요한 사항을 숙지해야 하며, 숙지하지 못하여 발생하는 책임은 입찰자에게 있습니다.
- 전자입찰참가 희망업체의 전산장비 준비 부족 등의 사유로 전자입찰등록 및 투찰이 곤란한 경우에는 투찰시간 마감 24시간 이전에 조달청 전자입찰 Help Desk(☎ 1588-0800)로 문의하시기 바라며, 문의를 하지 않아 발생되는 모든 책임은 입찰참가자에게 있습니다.
- 본 공고안은 조달청 전자입찰 홈페이지(www.g2b.go.kr)의'입찰정보-물품-공고현황'에 게재되오니 이용하시기 바랍니다.
- 입찰결과에 대한 정보는 조달청 전자입찰 홈페이지의'입찰정보-물품-개찰결과/최종낙찰자'를 이용하시기 바랍니다.
- 기타 입찰에 관하여 자세한 사항은 본교 행정실(☎ 031-123-1234) 또는 영양사실(☎ 031-123-1234)로 문의하시기 바랍니다.

위와 같이 공고합니다.

20○○. 4. 10.

○○초등학교장

그림 4-5 구매 입찰공고의 예

입 찰 서

_______________ 귀하

입찰 연월일 :　　년　　월　　일

공고번호 : 공고 제　　　　호

1. 계약건명 : _______________
2. 입찰금액 : _______________
3. 입찰내역 : _______________

품목	단위	수량	단가	금액	비고

※ 필요에 따라 별첨할 수 있음

4. 납품 연월일 :　　년　　월　　일

입찰자 주소 :

상호 :

대표자 :　　　　(인)

(주민등록번호 :　　　　)

그림 4-6 **입찰서 양식**

복수수의견적과 단수수의견적으로 분류하는 수의견적은 계약을 이행할 수 있는 자격을 가진 특정 업체 또는 몇 개의 업체에 구매하고자 하는 물품의 견적서를 요청하면서 시작되며, 최적의 업체에 물품명세서 및 발주서를 송부함으로써 법적 효력이 발생한다.

견 적 의 뢰 서

견적의뢰번호 : 제 호(년 월 일)

____________________ 귀중

아래 물품에 대해 다음 조건을 승낙하시면 견적서를 송부해 주시기 바랍니다.

____________________주식회사

구매과 : (인)

1. 견적서 제출기일 : 월 일
2. 수취장소 :
3. 납기주문 후 일간
   ※ 이 기간 내에 납품이 어려운 경우에는 기한을 신청해 주시기 바랍니다.
4. 품질구조
5. 견적유효기간을 기입할 것

품명	수량	단위	비고

(주) ① 수취장소 : 수취장소까지의 운임은 견적가격에 포함되므로 명확하게 기입한다.
② 품질구조 : (예) 강제 캐비닛, 치수는 첨부한 도면 참조
③ 견적유효기간 : 시세 변동이 심한 재료를 쓰는 제품에 대해서는 반드시 기입하도록 지도하여 분쟁을 방지한다.
④ 비고 : 대여 치공구, 재료조건, 약도 등
- 대여 치공구 : (예) 트리밍다이, 벤딩다이, 로케이션 게이지를 무상대여한다
- 재료조건 : 수주자 부담, 발주자로부터 유상지급·무상지급이라고 명시한다.
- 약도 : 첨부 도면을 필요로 하지 않을 경우 기입하며, 품질구조의 항목란에 비고 참조라고 기입한다.

그림 4-7 견적의뢰서 양식

4) 구매 계약기간

구매 계약기간은 사업장의 창고 여건, 사용시기, 대금 지급시기 등을 고려하여 설정한다. 일반적으로 단체급식소의 경우 채소류·육류·과일류·난류·어패류·반가공제품은 주 단위로, 설탕·식용유·밀가루는 월 단위로, 가격 변동이 적은 조미료·고춧가루·깨 등은 3개월 단위로 계약한다.

식자재 공급 계약서

주식회사 ○○○(이하 "갑"이라 한다)와 ○○○(이하 "을"이라 한다)는 다음과 같이 물품 공급계약을 체결한다.

제1조(계약의 목적)
본 계약은 "갑"과 "을" 간의 물품 구매 및 공급에 대한 제반조건을 정함을 목적으로 한다.

제2조(물품 공급조건)
1. 본 계약의 물품이라 함은 "갑"이 필요로 하는 식자재를 칭하며 "을"이 납품할 물건의 품명, 규격, 품질, 수량 등은 "갑"이 요구한 사항과 동일해야 한다.
2. "갑"은 필요시 "을"에게 견본을 요구할 수 있으며, "을"은 견본과 동일한 물품을 공급해야 한다.
3. "을"의 사정으로 동일한 물품의 납품이나 지정일까지의 납품이 불가능할 경우 "을"은 사전에 "갑"에게 통보해야 하며, "을"은 이로 인한 "갑"의 손해에 대한 배상책임이 있다.
4. 상기 제3항의 사유로 "갑"이 부족물량을 "을" 이외의 다른 거래선으로부터 구입할 경우, "을"은 이로 인한 구입금액의 차액을 "갑"에게 지불해야 한다.

제3조(계약이행 및 계약기간)
1. "을"은 "갑"의 동의없이는 "갑"이 주문한 물품의 단가 및 물량과 다르게 물품을 공급할 수 없다. 단, "갑"과 "을"은 상호 동의하에 물량을 증감할 수 있으며 이로 인해 공급이 지연될 경우 "을"은 이를 "갑"에게 사전통보하며, "갑"은 공급 지연에 대한 책임을 "을"에게 요구할 수 없다.
2. "을"의 납품 자격은 본 계약일로부터 1년간 유효하며, 계약기간 만료 1개월 전까지 "갑"과 "을" 어느 일방이 계약해지 의사를 통보하지 않는 경우 본 계약은 1년 단위로 자동 연장된다. 단, "을"이 제7조, 제8조, 제9조의 각 항을 위반한 경우 "갑"은 본 계약을 해지할 수 있으며 "을"은 이를 수용해야 한다.

제4조(물품입고)
"을"은 "갑"이 지정하는 장소와 기간 내에 물품을 납품해야 하며, "갑"의 요구가 있을 경우 "을"은 납품 시 사용한 포장재 일체를 수거하여 반출해야 한다.

제5조(물품검수)
1. "을"은 공급물품에 대해 "갑"이 지정한 검수자로부터 물품확인검사를 받아야 한다.
2. 검수 결과 부족 또는 불량품이 있을 경우 "을"은 즉시 보충 또는 대체 공급해야 한다.
3. "갑"은 물품의 품질 확인을 위해 필요시 관련된 증빙서류를 요구할 수 있으며 "을"은 이를수용해야 한다.

그림 4-8 식자재 공급 계약서의 예 (계속)

4. "을"은 식품위생법상의 적합한 물품을 유통시켜야 하며, 이를 위반하여 발생되는 문제에 대해 모든 민형사상의 책임을 진다.

제6조(대금결제)

대금결제는 "갑"의 지급기준으로 하되, 필요시 "갑"과 "을"은 결제조건을 협의 및 변경할 수 있다.

제7조(손해배상 청구)

"을"이 다음과 같은 사유로 "갑"에게 손해를 입혔을 경우 "을"은 "갑"에게 손해배상을 해야 한다.

1. 물품 공급에 있어 제5조 제4항을 위반한 경우
2. "을"의 귀책사유에 의한 물품의 오·훼손, 하자 등이나 이로 인해 "갑"이 직간접적 손해를 입었을 경우
3. "갑"에 공급된 상품의 각종 인허가사항 및 관계법규를 위반하여 "갑"에게 손해를 입혔을경우

제8조(계약해지)

1. "갑"과"을"은 일방의 귀책사유로 인해 정상적 거래를 할 수 없거나, 다음 사항에 해당하는 사유가 발생한 경우 본 계약을 해지할 수 있다.
   ① "을"이 본 계약의 전부 또는 일부를 이행하지 아니한 경우
   ② "갑"이 요구하는 물품을 납품하지 않거나, 납품 가능성이 없다고 "갑"이 인정한 경우
   ③ "을"이 납품한 물품이 검수 결과 불합격, 반품이 2회 이상 반복되고 개선되지 않는 경우
   ④ "을"이 제7조(손해배상 청구)의 귀책사유로 거래관계가 유지될 수 없는 경우
   ⑤ "을"이 제9조(금지사항)를 위반한 경우
   ⑥ "갑"에게 더 이상 거래관계를 지속할 수 없는 사항이 발생한 경우
2. 계약해지는 계약해지를 통지한 날로부터 효력이 발생한다.

제9조(금지사항)

"갑"과 "을"은 계약을 위반하는 다음의 사항에 해당하는 행위를 해서는 안 된다.

1. "갑"의 사전서면 승인없이 "을"이 계약상의 권리, 의무를 제3자에게 양도하는 행위
2. "갑"의 정당한 물품주문을 정당한 사유없이 지연하거나 거절하는 행위
3. 관련 법규를 위반하여 물품을 공급하거나 상거래상 통상적으로 인정할 수 없는 행위

제10조(기타)

1. 본 계약에 명시되지 아니한 사항은 관련 법규와 일반 상판례에 따른다.
2. 본 계약의 효력은 "갑"과 "을"이 서명, 날인한 날로부터 발효된다.
3. 본 계약에 관한 소송은 "갑"의 소재지 관할 법원으로 한다.
4. "갑"과 "을"은 본 계약시 조항의 성실한 이행과 계약을 증명하기 위해 계약서 2부를 작성하여 서명, 날인한 후 각 1부씩 보관한다.

년 월 일

"갑" : 서울특별시 ○○구 ○○동 ○○번지 "을" :

주식회사 ○○○

대표이사 ○○○

그림 4-8 식자재 공급 계약서의 예

CHAPTER 5

구매활동

1. 구매활동의 흐름을 이해한다.
2. 급식소의 구매절차와 구매서식을 이해한다.

1. 구매활동의 의의

구매활동이란 생산에 필요한 특정 물품을 적정 공급업체로부터 최적의 품질을 확보하여 필요한 시기에 필요한 수량만큼 최소 비용으로 구입할 목적으로 계획, 실시, 통제하는 관리 활동을 말한다. 구매물품과 서비스의 필요성을 분석하고 확인하는 것에서 구매활동이 시작되며 물품의 구매는 급식생산부서, 창고관리부서, 구매부서에서 요청하게 된다. 조직 내 여러 부서나 사업장에서 요청하는 물품의 품목, 수량, 품질, 용도, 규격 등의 구매요건을 충족하고 나아가 구매방법, 구매 유형, 발주, 검수, 저장 및 재고 관리 등 전반적인 관리활동

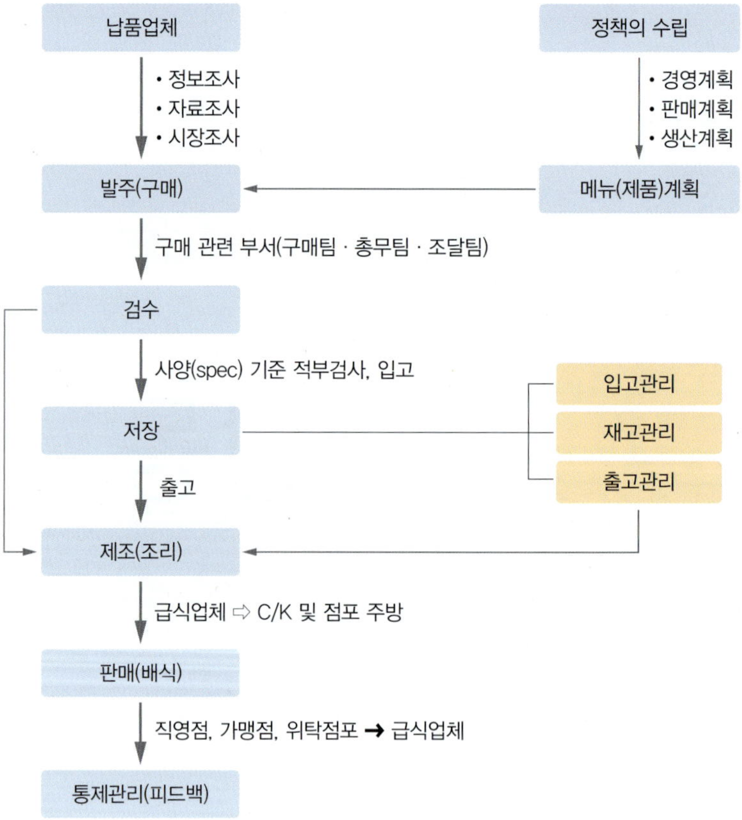

그림 5-1 구매활동의 전체 과정

출처 : 박정숙, 2011 수정

을 수반한다.

오늘날 급식회사에서는 구매활동을 원활히 수행하기 위해 물품의 시장성 및 경제성, 기술적인 특성을 고려한 시스템 구축에 중점을 두고 있다.

2. 구매활동의 특성

구매활동은 메뉴를 조리하기 위해 구매할 재료의 수량을 계획하고 구매방법 또는 구매유형을 결정한 후 구매절차를 거쳐 실현한다. 구매계획뿐 아니라 발주, 검수, 저장, 입·출고, 재고 등 여러 관리활동을 포함하는 구매활동의 수행을 위해서는 단순한 식자재 구입에만 국한하지 않고 경제적 효율성을 비탕으로 기술적, 과학적, 경영적 특성을 파악하여 시스템을 구축해야 한다.

3. 구매절차

급식소 내에서 구매활동을 정확하고 신속하게 진행하기 위해서는 정확한 구매절차가 확립되어야 한다. 구매절차는 구매계획, 구매방침, 구매유형, 급식소의 상황에 따라 다양한 방법으로 수행하거나 새로운 과정이 도입될 수도 있지만 기본적인 절차는 큰 변화 없이 일정하게 유지된다 그림 5-2. 구매서식에 대한 설명은 6장에 서술하였다.

1) 필요성 인식

급식업체의 구매활동 계획은 수요 예측에서 시작되며, 물품을 사용하는 급식 생산부서와 적정재고를 유지해야 하는 창고 관리부서에서 구매의 필요성을 인식한다. 이 중 급식 생산부서가 식단 작성 시 가장 먼저 물품 구매의 필요성을 느끼게 된다.

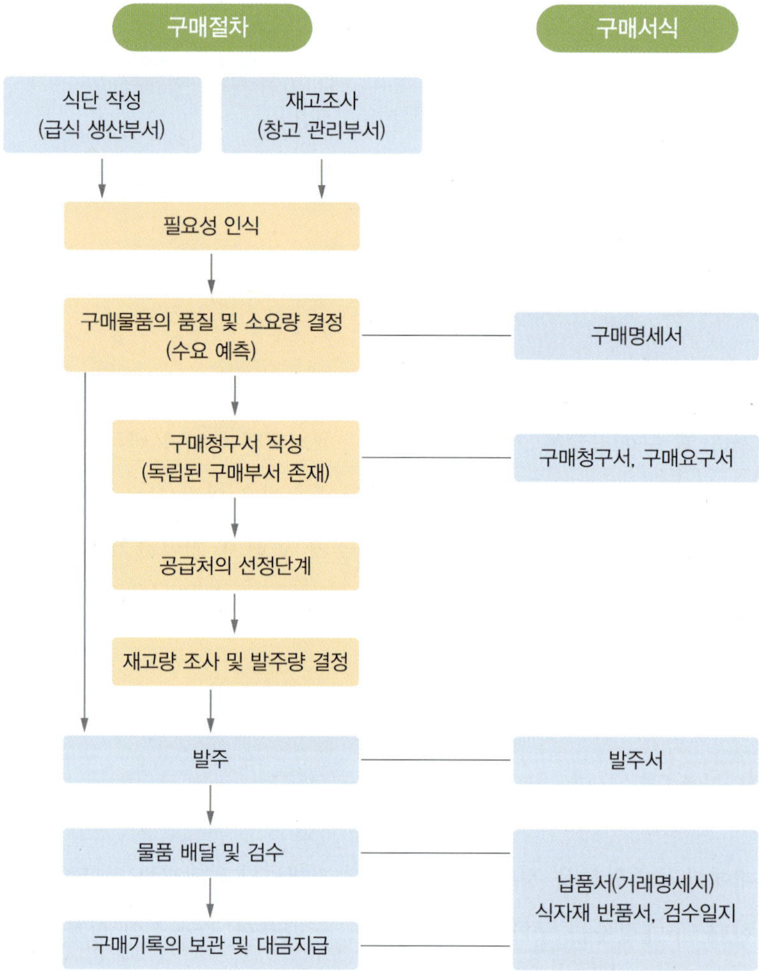

그림 5-2 구매절차
출처: 윤지현 외, 2019

2) 필요한 물품의 수량 및 품질 결정

필요한 물품의 수량은 수요를 예측한 후 작성한 식단을 기준으로 산출된 표준레시피 standardized recipe의 1인 분량으로 결정한다. 물품의 품질은 구매명세서specification에 자세히 기술하는데, 이 구매명세서는 구매를 요청한 급식 생산부서와 창고 관리부서 등이 충분한 협의를 거쳐 작성하며 물품의 표준품질을 유지하기 위해 매우 중요한 양식이다. 구매명세서는 물품 사용부서인 급식 생산부서, 구매부서, 검수부서, 창고 관리부서 등 여러 부서에서 이용할 수 있다.

3) 구매청구서 작성 및 승인

구매청구서(구매요구서)는 독립된 구매부서가 존재하는 경우 필요성을 인식한 부서와 구매부서 간의 업무 처리를 위해 기록되는 공식적인 문서이다. 물품을 사용할 부서에서 구매명세서를 근거로 구매청구서를 작성하여 구매부서에 송부하고, 구매담당자의 승인을 받아 구매한다.

4) 공급업체 선정

공급업체는 거래처, 납품처, 거래선이라고도 하며, 독립된 구매부서가 존재하는 경우 구매담당자는 구매청구서에 따라 구매물품에 대한 공급조건을 충족하는 업체를 선정해야 한다. 공급업체를 선정하는 방법은 구매계약방법에 따라 경쟁입찰계약 또는 수의견적으로 나눌 수 있다.

학교급식의 경우 그 규모와 여건에 따라 자율적으로 구매방법을 결정할 수 있는데, 대규모 학교는 품목별로 경쟁입찰계약을 구분 실시하여 공급업체를 선정하며, 소규모 학교는 수의견적에 의해 선정한다. 가장 적합한 공급업체를 선정하기 위해서는 객관적인 공급업체 평가기준이 마련되어 있어야 한다 표 5-1.

위탁급식 전문업체의 경우 급식소의 영양사의 경우 공급업체 선정에 직접 참여하지 못한다. 구매부서에서 채소 및 과일류, 육류, 생선, 김치, 공산품, 소모품 등으로 구분하고 평가기준에 의해 공급업체를 선정한다. 선정된 공급업체를 급식발주프로그램에 물품과 함께 공개해 주면 영양사는 필요한 품목의 품질기준을 충족한 업체를 온라인상에서 선택하면 된다.

표 5-1 공급업체 선정 및 관리기준

구분	공급업체 선정 및 관리기준	비고
위생관리능력	공급업체가 위치한 장소, 보유 시설, 설비의 위생상태가 양호한가?	-
운영능력	체계적인 위생기준 및 품질기준을 구비하여 이를 준수하고 있는가?	-
	학교급식에서 요구하는 식자재의 규격에 맞는 제품을 공급하는가?	-
	반품처리 및 각종 서비스를 신속하게 진행하고 제공하는가?	-
	납품절차가 표준화되어 있으며 관련 문서가 구비되어 있는가?	-
	신선한 양질의 식자재를 공급하는가?	-
	학교에서 정한 시각에 식자재를 납품하는가?	-
	식자재의 포장상태가 완벽한가?	-
운송위생	운송 및 배달 담당자의 식품 취급방법이 위생적인가?	-
	냉장 배송차량을 이용하여 식자재를 운반하며 냉장·냉동 식품의 온도가 기준범위 이내인가?	냉장·냉동 식품용 배송차량에 태코미터 부착 권장

출처 : 교육과학기술부, 2010

(1) 공급업체 등록신청서 작성

공급업체의 과거 거래실적, 업체 명부 및 회의자료, 카탈로그 및 광고지, 면담 등을 통해 공급업체 등록신청서를 작성해 둔다.

(2) 공급업체 실태조사

공급업체의 경영규모 및 경영방침, 시설 및 설비 조건, 기술력, 신용도, 자본능력 등을 조사한다.

(3) 공급업체 선정 조건

공급업체의 위생관리능력, 운영능력, 운송위생 등을 기준으로 적용하면 위생적으로 안전한 공급업체를 선정할 수 있다.

(4) 공급업체 평가

공급업체의 평가는 정기적으로 수행하고 그 결과를 보관하여 업체 선정 시 참고한다. 우량업체의 경우 지속적인 물품 공급을 위해 협력업체로 등록하여 유지·관리한다.

사례

식자재 전문 유통기업 '푸드머스'의 공급업체 선정기준

식자재 전문 유통기업 '푸드머스'는 농산물, 수산물, 축산물, 공산품 등으로 공급품목을 분류하고, 최상의 엄선된 식자재만을 위생적으로 가공하여 고객에게 공급하기 위해 엄정한 협력업체 선정기준을 적용하고 있다.

업체 등록 FLOW

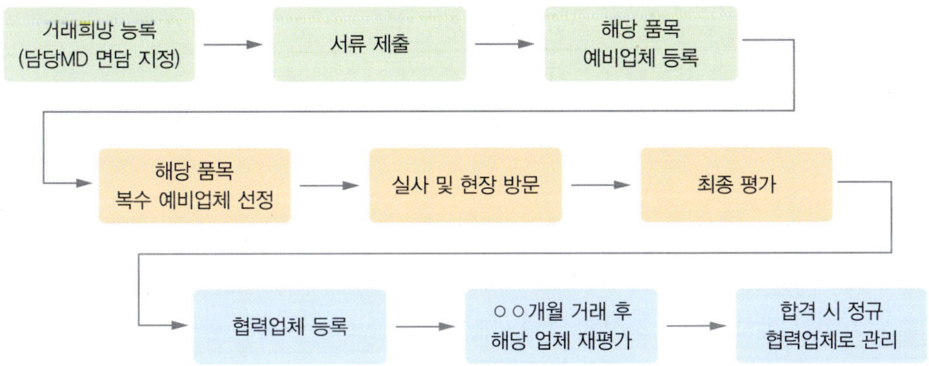

업체 평가기준

재무 및 위생 평가를 거쳐 당사 기준을 통과한 업체에 한하여 MD실에서 항목별로 최종 검토 평가 후 대상업체가 복수인 경우 최고점을 얻은 업체로 선정하며 단수인 경우 총 평가점수가 60점 이상일 경우에만 선정한다.

구분	내용	비고
가격 경쟁력	당사 견적가 대비 구성비(%)	견적서류
동종업계 거래 현황	동종업계 거래 현황 파악	최근 1년간 거래실적증명원
공신력(매출 실적)	당사 구매액 대비 매출 구매 비중	최근 1년간 소득세납부증명서
해당 식품 취급경력	해당 상품 구매 관련 취급년수	[illegible], 실사

출처 : ㈜푸드머스 홈페이지(http://www.foodmerce.com/system/supply/supplier.do)

5) 재고량 조사 및 발주량 결정

독립된 구매부서가 존재하는 조직에서는 구매청구서에 의해 물품구매를 요청받은 구매담당자가 식단의 표준레시피 1인 분량을 기준으로 발주량을 결정한다. 재고가 없는 비저장품목일 경우 구매량이 발주량이 되고, 저장품목일 경우 창고의 재고량을 확인한 후 재고수준을 고려하여 적정발주량을 결정한다. 발주량을 결정할 때는 구매요청부서와 구매의 수량, 품질, 용도에 대해 충분히 협의해야 한다(107쪽 '발주량 산출' 참고).

6) 발주

발주량이 결정되고 공급업체가 선정되면 구매부서는 공급업체에 보낼 발주서를 작성한다. 발주서는 물품 사용부서에서 의뢰한 구매청구서를 근거로 구매담당자가 작성하여 구매업체에 송부한다. 이때 송부된 발주서는 법률적인 효력을 갖게 된다.

7) 물품의 배달 및 검수

구매발주서에 근거하여 공급업체가 물품을 배달하면 검수 담당자는 공급업체가 제출한 납품서(송장)를 발주서와 대조하고 구매명세서를 기준으로 품질을 확인한다. 물품에 하자가 발생한 경우 반환 조치와 함께 반품서를 작성하고, 그렇지 않은 경우 물품을 인수하여 저장하고 검수일지에 기록한다.

8) 구매 기록의 보관 및 대금 결제

구매활동 중 수행된 모든 업무내용은 문서로 기록하여 일정 기간 보관하고, 다음의 구매활동에 참고하며 대금 결제의 근거로 사용한다. 법률적 효력이 발생하는 계약서나 발주서는 반드시 보관해 두어야 한다.

대금 결제는 구매활동의 종결단계이며, 공급업자는 검수 담당자가 승인한 납품서를 회계부서에 청구하여 납품대금을 받게 된다.

CHAPTER 6

발주관리

1. 수요 예측방법을 이해한다.
2. 발주의 개념과 발주량을 이해한다.
3. 발주방식의 분류에 따른 발주방법을 이해한다.
4. 발주절차와 발주서의 작성방법을 이해한다.

1. 수요 예측

수요 예측은 급식소의 구매(구매품목과 수량 결정) 및 생산계획(예산 배정, 노동력 배치, 기기 선정) 등에 영향을 주며, 적정발주량을 결정하는 데 중요한 요소가 된다.

객관적인 수요 예측을 위해서는 식단, 일자, 요일, 식사시간, 제공한 날의 상황, 날씨, 소비자의 기호도와 급식 만족도 등의 급식소 운영과 관련된 정확한 과거 기록이 구비되어야 하며, 급식소에서는 이를 바탕으로 수요를 예측할 수 있다.

과거의 식수 분석과 외부 환경의 변화를 고려한 수요 예측은 급식소와 외식업체의 경우 수익성과 밀접한 연관이 있으므로 급식 운영을 위해서는 정확하고 과학적인 방법이 요구된다.

수요 예측방법을 선택할 때는 비용의 효율성, 수요 예측의 정확성, 사용의 편리성 등을 고려하여 급식소의 여건에 적합한 방법을 선택해야 한다.

수요 예측방법은 주관적 수요예측법과 객관적 수요예측법으로 구분되며, 세부 분류내용은 다음과 같다.

1) 주관적 수요예측법

전문가의 전문지식이나 경력자들의 경험과 같은 주관적 요소를 이용하는 방법으로 시장조사법, 델파이법, 패널동의법 등이 있다.

(1) 시장조사법

가설을 설정하고 이에 대해 급식자들을 대상으로 선호도, 급식 경향과 유형 등을 조사하는 방법이다.

(2) 델파이법

전문가에게 의뢰하여 가설을 설정한 후 이를 기초로 정보를 수집 및 분석하여 해당 가설을 검증하는 방법이다.

(3) 패널동의법

전문패널을 구성하고 그들의 의견을 수렴하여 수요 예측에 대한 공통된 결론을 도출하는 방법이다.

2) 객관적 수요예측법

통계적 기법을 이용하여 과거의 기록, 날씨 등과 같은 객관적 자료를 토대로 미래의 수요를 예측하는 과학적 경영기법으로서 시계열분석법과 인과형 예측법이 있다.

(1) 시계열분석법

과거의 판매량 등의 자료를 근기로 미래의 수요를 예측하는 방법으로, 이동평균법과 지수평활법이 있다.

① 이동평균법

최근 일정 기간의 기록에 대한 평균을 구하여 수요를 예측하는 방법으로, 급식소에서 가장 많이 사용한다. 이동평균법에는 단순이동평균법, 가중이동평균법, 요일의 경향을 반영한 이동평균법 등이 있다.

- 단순이동평균법 : 과거 여러 기간의 자료에 동일한 가중치를 적용하는 방법으로 일자별, 주별, 월별 등의 수요 예측이 가능하다.

표 6-1 단순이동평균법에 의한 수요 예측방법의 예

월	판매식수	수요 예측 계산방법
1	1,042	• 방법 1 : 1~6월까지의 식수자료를 근거로 7월의 예측식수를 계산하면 ⇨ (1,042+1,039+1,045+1,038+1,041+1,032) ÷ 6 ≒ 1,040 • 방법 2 : 가장 최근의 식수를 근거로 7월의 예측식수를 계산하면 ⇨ (1,038+1,041+1,032) ÷ 3 = 1,037
2	1,039	
3	1,045	
4	1,038	
5	1,041	
6	1,032	

• 가중이동평균법 : 최근의 실적치에 가장 높은 가중치를 부여하여 수요를 예측하는 방법으로, 가중치의 배분은 급식소 담당자의 판단에 의존하며 가장 최근의 자료에 더 많이 부여한다.

표 6-2 가중이동평균법에 의한 수요 예측방법의 예

월	판매식수	수요 예측 계산방법
1	1,042	가장 최근의 자료인 6월의 기록에 0.7, 5월에 0.2, 4월에 0.1의 가중치를 두고 7월의 예측식수를 계산하면 ⇨ (0.7 × 1,032) + (0.2 × 1,041) + (0.1 × 1,038) ≒ 1,034
2	1,039	
3	1,045	
4	1,038	
5	1,041	
6	1,032	

• 요일의 경향을 반영한 이동평균법 : 요일별 자료를 실제로 수요 예측에 반영하는 방법으로, 요일별 경향에 따라 판매식수가 변동되는 급식소에서 정확한 수요 예측을 위해 사용될 수 있다.

② 지수평활법

가장 최근의 자료에 가장 높은 가중치를 두고 식수의 안정성에 따라 가중치를 부여하여 식수를 예측하는 방법으로, 최고의 기록이 미래의 수요 예측에 가장 큰 영향을 주도록 하는 방법이다. 지수평활법은 단기적 수요 예측에 가장 좋은 방법이다.

표 6-3 지수평활법에 의한 수요 예측방법의 예

예측식수 = $\alpha \times D + (1 - \alpha) \times F$
• D : 가장 최근의 판매식수 • F : 가장 최근의 예측식수 • α : 평활계수(0~1 사이의 값) ⇨ 신메뉴의 경우 0.7, 0.8, 0.9로, 수요가 안정된 메뉴는 0.1, 0.2, 0.3으로, 수요가 불안정한 메뉴는 0.4, 0.5, 0.6으로 적용
• 수요 예측 계산방법의 예 : 1월의 판매식수가 1,042식, 예측식수가 1,038식이고 α가 0.3이라고 가정할 때 2월의 예측식수를 계산하면 ⇨ (0.3×1,042) + (0.7×1,038) ≒ 1,039

(2) 인과형 예측법

판매식수와 이에 영향을 미치는 여러 요인들(판매가격, 종업원 수, 기업의 내부 환경 등) 간의 수학적 인과모델을 개발하여 수요를 예측하는 방법으로 회귀모형기법을 이용한 것이다. 인과형 예측법은 복잡하고 시간과 노력이 많이 소요되지만 중기적·장기적 수요 예측에는 효과적이다.

2. 발주의 개념

발주는 실제로 사용할 물품을 구매담당자가 공급업체에 주문하는 것이다. 일반적으로 대규모 급식소에서는 급식생산부서의 물품 구매를 요청받아 구매부서의 담당자가 적정한 주문수량을 결정한 뒤에 발주한다. 발주 시에는 식단의 표준레시피를 기준으로 식자재의 적정발주량을 결정하며 급식인원 수, 각 식품의 폐기율, 저장비용, 저장시설의 용량, 발주비용 등을 고려해야 한다.

3. 적정발주량의 결정

구매담당자는 구매자와 공급자 양측이 경제적인 효과를 높일 수 있는 적정발주량을 결정해야 한다. 발주량을 결정할 때는 식자재의 저장성 여부, 보유하고 있는 재고량, 창고의 저장능력, 가격 등을 고려하여 경제적으로 산출하도록 한다.

1) 적정발주량의 비용요인

적정발주량은 저장비용storage cost과 주문비용order cost의 두 가지 요인에 의해 영향을 받는다. 저장비용이란 재고를 보유하기 위해 소요되는 비용의 총 합계액을 의미하는 것으로서 저장시설의 유지비, 보험비, 변패로 인한 손실비 등이 포함된다. 주문비용은 주로 인건비가 많이 차지하며 주문과 관계된 업무 처리비용, 교통통신비, 소모품비, 검수에 소요되는 비용 등이 해당된다.

저장비용과 주문비용은 발주량에 따라 변화하는데, 1회당 발주량이 커지면 연간 저장비용은 증가하나, 주문비용은 감소하고 1회당 발주량이 적으면 저장비용은 감소하나 주문비용은 증가한다. 적정발주량은 저장비용과 주문비용이 최소치인 서로의 교차점이 주문량이

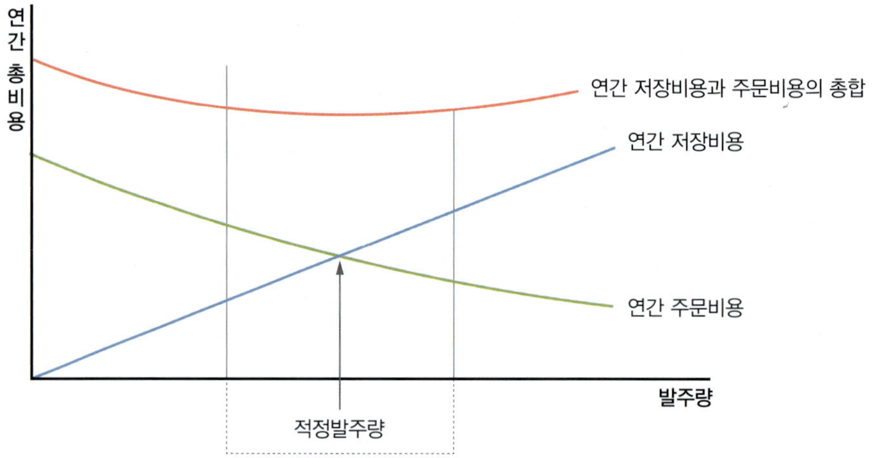

그림 6-1 적정발주량의 결정

알아두기

경제적 발주량의 산출 공식

- 발주량 : 평균 소요량×공급기간 중의 소요량+안전재고량
- 경제적 발주량(비용) $= \sqrt{\dfrac{2\times\text{발주비용}\times\text{연간 사용한 품목의 비용}}{\text{단가}\times\text{재고유지비용(재고의 평균가치비용의 비율)}}}$
- 경제적 발주량(품목의 수) $= \sqrt{\dfrac{2\times\text{발주비용}\times\text{연간 사용한 품목의 비용}}{\text{단가}\times\text{재고유지비용(재고의 평균가치비용의 비율)}}}$

*안전재고량 : 예측되지 않은 수요의 변화에 대비하기 위해 설정해 놓은 재고량

되며, 이를 경제적 발주량economic order quantity, EOQ이라고 한다.

2) 발주량 결정 시 고려사항

발주량을 결정할 때는 경제적인 발주량과 함께 다음과 같은 요인들을 고려해야 한다.

(1) 가격의 변화

장래에 가격이 오르거나 내려간다는 예측에 따라 발주량을 증가 또는 감소시켜야 한다.

(2) 수량 할인율

발주량에 따라 가격이 할인되는 물품의 경우에는 재고 유지비용보다 할인되는 가격의 금액이 크면 주문수량을 늘리는 것이 이익이다.

(3) 물품의 특성

재고기간이 길어지면 품질이 저하되는 식품의 경우에는 유통기한과 저장기간 등을 고려하여 구입한다.

(4) 계절적 요인

적절한 시기에 구입하지 않아서 가격이 상승하거나 구입이 어려운 계절식품의 경우에는 발주량을 늘리는 것이 효과적이다.

4. 발주방식

1) 정기발주방식

정기발주방식은 정해진 시기가 되면 부정량을 발주하는 방식으로, 정기실사방식periodic inventory system, P이라고도 한다.

알아두기

발주량 산출공식

- 발주량 = (발주주기 중의 수요량 + 조달기간 중의 수요량 + 안전재고량) – (현재재고량 – 발주 중의 미납품량)
- 적정 발주주기 = 경제적 발주량 ÷ 수요량

*발주주기 : 주 1회, 월 1회 등의 일정한 시간적 단위

정기발주방식은 가격이 고가여서 재고 부담이 큰 품목, 공급기간이 오래 걸리는 품목, 수요 예측이 가능한 품목에 적합하다. 정기발주방식을 이용할 때는 발주주기를 정하고 그 시점에서 수요량을 예측한 후에 발주량을 산출하며, 물품의 품목별로 발주주기, 최대재고량, 안전재고량, 공급기간 동안에 사용할 양 등을 고려하여 발주한다.

2) 정량발주방식

정량발주방식은 발주점방식order point system, Q이라고도 하며, 재고량이 일정 수준에 이르면 일정 발주량을 발주하는 것으로 발주점을 정하고 경제적 발주량을 발주하는 방식이다.

정량발주방식은 재고 부담이 적은 저가품목, 항상 수요가 있어서 일정한 재고를 보유해야 하는 품목, 수요 예측은 어렵지만 사장될 우려가 적은 품목에 적합하다.

표 6-4 정기발주방식과 정량발주방식의 비교

구분	정기발주방식	정량발주방식
특징	정기적으로 부정량 발주	부정기적으로 정량 발주
발주시기	정기적 발주	발주점 도달 시 부정기적 발주
발주량	부정량(최대재고량 – 현재재고량)	정량(경제적 발주량)
재고조사방법	정기적인 실사 재고조사	영구 재고조사
안전재고	없음	있음

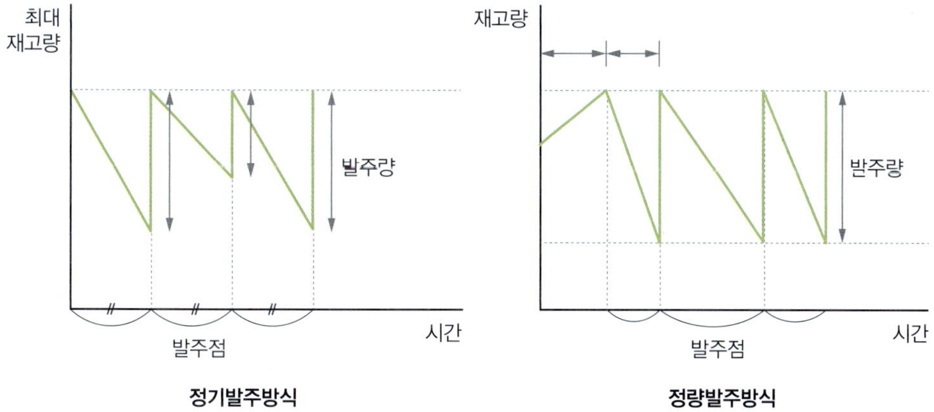

그림 6-2 정기발주방식과 정량발주방식의 차이

5. 발주량 산출

① 폐기율이 없는 경우(쌀·곡류·육류 및 가공품 등)

발주량 = 순사용량 × 예상 급식수

② 폐기율이 있는 경우(채소류·어패류 등)

발주량 = 출고계수(100÷가식부율) × 순사용량 × 예상 급식수

표 6-5 식품군별 가식부율 및 출고계수

식품군	가식부율(%)	폐기율(%)	출고계수
감자류	90	10	1.11
채소류	85	15	1.18
과일류	76	24	1.32
생선류	82	18	1.22
게류	25	75	4
조개류	50	50	2
난류	87	13	1.15

*식품의 가식부 : 전체 식품에서 껍질, 상한 부분 등을 제거하고 남은 것을 말하며 식품의 가식부율은 신선도, 부위, 조리법, 전처리된 상태 등에 따라 달라진다.

*가식부율 = 100 − 폐기율, 출고계수 = 100÷가식부율

알아두기

발주량 산출방법의 예

- **폐기율이 없는 식품의 발주량 산출**
  두부조림을 위한 두부 발주량을 산출하려고 한다. 두부조림의 1인 분량은 80g이고 예상식수는 500식일 때 두부의 발주량을 계산하시오.
  두부 발주량 : 80 g × 500 = 40,000 g, 40 kg

- **폐기율이 있는 식품의 발주량 산출**
  급식인원 300명에게 시금치 나물을 배식하려고 한다. 시금치나물의 1인 분량은 70g이고 폐기율이 15%일 때 필요한 발주량을 계산하시오.
  시금치 발주량 : 70 × (100/85) × 300 = 24,705 g, 약 24.7kg

식자재 발주량의 결정요인

물품의 특성, 거래단위, 계절적 요인, 가격 변화, 수량 할인율, 저장성 여부, 보유하고 있는 재고량, 창고의 저장능력, 자금 공급력 등을 고려하여 경제적 발주량을 산출해야 한다.

- 식품구매 시 수량을 결정할 때 고려할 사항 : 식수 인원, 식품의 재고량과 폐기율 및 조리 중의 손실 정도 등을 감안해야 한다.
- 최근의 급식관리 전산시스템 : 메뉴계획 후 급식 수가 결정되면 표준레시피에 의해 식품의 품목별 발주량이 자동적으로 계산된다.

6. 발주절차

발주절차는 구매부서에서 진행하며 공급업체의 특성과 가격 등을 바탕으로 발주품목이 결정되면 발주방법, 물품의 수량, 품질의 규격 등을 결정한다.

1) 발주업무의 절차

(1) 일반적 발주절차

발주품목의 결정 ⇨ 발주방법의 결정 ⇨ 명세서 작성 ⇨ 발주량 산출 ⇨ 발주서 작성 ⇨

공급업체에 발주서 송부

(2) 위탁급식소의 발주절차

식단 작성 ⇨ 수요 예측 ⇨ 발주량 산출 ⇨ 발주서 작성 ⇨ 발주서 송부(구매부서)

2) 구매절차에 따른 장표의 순서

구매명세서 ⇨ 구매청구서 ⇨ 발주서 ⇨ 납품서(거래명세서)

(1) 구매명세서

구매명세서purchase description는 구매하고자 하는 물품의 품질과 특성 등을 기록한 양식으로 구입명세서, 물품명세서, 시방서라고도 한다. 구매명세서는 영양사를 포함하여 조리사, 구매부서장, 구매담당자 등이 팀을 이루어 작성하는 것이 바람직하다. 공급업자는 이 명세서에 적힌 특성에 맞는 물품을 공급하고, 구매자는 검수 시에 구매명세서에 적힌 품질의 물품이 공급되었는지 검사한다.

구매명세서에는 물품명(상품명), 용도, 품질 및 등급, 포장의 규격 및 재질, 물품의 규격 및 단위, 단가, 숙성 정도, 가공공정 및 저장방법, 산지명, 검수방법 등의 내용이 포함된다. 구매명세서는 구매부분, 납품업자, 검사부분 등에서 사용하며 간단명료하게 필요한 사항만을 표기하고 객관적이고 현실적인 품질기준을 제시한다.

알아두기

구매명세서

구매명세서의 양식은 급식소별로 차이가 있으며, 급식소와 식자재 공급업체 간에 착오가 생기지 않도록 구매명세서와 발주서를 사용하는 경우가 많다. 일반적으로 구매명세서에는 식자재명, 규격, 사양, 총발주량이 포함된다. 식자재의 금액은 견적서에 기재되어 있으며, 견적서는 구매명세서와 같은 양식에 금액이 적혀 있다. 일반적으로 육류의 구매명세서에는 등급, 부위, 연령, 절단 형태 및 크기, 지방 함량 등이 명시되어야 한다.

표 6-6 식자재 구매명세서의 예

구 매 명 세 서

기간 : 20○○년 ○월 ○○고등학교 급식소

No.	식품명/상세식품명(단위)	규격	식품 설명	일자	총량	단가	총금액
1	가래떡(흰떡)/떡국용(kg)	kg	떡국 떡, 1kg, 쌀(국내산)				
2	가쓰오부시/가다랭이포(kg)	kg	가쓰오부시, 500g(국물용)				
3	가쓰오부시/가쓰오우동소스(kg)	kg	가쓰오부시 메밀생면수프, 2kg				
4	간장/양조간장(kg)	kg	진간장, 15kg				
5	간장/재래간장(kg)	kg	국간장, 15kg				
6	감(홍시)/아이스홍시(kg)	kg	아이스홍시 60g(일반농산물)				
7	겨자/분말(kg)	kg	겨자분, 200g				
8	고춧가루/고춧가루(kg)	kg	국내산, 고운 고춧가루, HACCP인증				
9	고춧가루/김치제조용(kg)	kg	국내산, 굵은 고춧가루, HACCP인증				
10	바나나/생과(kg)	kg	바나나(상, Dole, 9다발, kg-9개 이상, 필리핀산, 일반농산물)				
11	배추/생것(kg)	kg	국내산 '상', 겉잎 제거(일반농산물)				
12	배추/얼갈이(kg)	kg	국내산 '상'(일반농산물)				
13	보리/쌀보리(kg)	kg	2011년산 국내산(일반농산물)				
14	부추(재래종)/생것(kg)	kg	국내산 '상'(일반농산물)				
15	브로콜리/생것(kg)	kg	국내산 '상'(일반농산물)				
16	사과(생과)/부사(후지)(kg)	kg	국내산 '상', 개당 220~230g(일반농산물)				
17	상추/꽃적상추(kg)	kg	국내산 '상', 꽃적상추(일반농산물)				

(2) 구매청구서

구매청구서purchase requisition는 구매요구서라고도 하며, 실제로 물품을 사용할 부서에서 필요한 품목과 수량을 기재하여 구매부서로 송부하는 장표로서 구매부서에서는 거래처를 선정하기 위해 견적조회를 실시한다. 최적 업체가 정해지면 발주량을 산출하고, 발주서(구매표)를 작성하여 물품을 발주하며, 거래처에서는 물품과 함께 납품서(거래명세서)를 가져와야 한다.

위탁급식업체와 대규모 급식시설에서는 인터넷 전산발주프로그램을 이용하며, 관련 장표는 출력하여 보관한다. 구매청구서에는 납품일자, 청구번호, 물품명(상표명), 용도, 필요량, 품질규격, 등급, 포장, 단위(중량·용기·크기), 단가, 숙성 정도, 공급업체 등의 내용이 포함된다.

알아두기

구매청구서

영양사는 식단 작성 후, 필요한 식재료의 품목, 수량 및 중량을 파악하여 구매청구서(구매요구서)를 작성할 수 있다. 구매청구서(구매요구서)는 원재료 사용부문에서 작성하여 구매부문에 송부하는데, 일반적으로 2통을 작성하고 구매부문과 요구부문에서 보관한다.

(3) 발주서

발주서는 구매표, 주문서, 발주전표라고도 하며 물품 사용부서의 구매요구서에 따라 구매부서에서 작성한다. 구매부서에서 공급업체에 발주서를 발행하면 그 즉시 법률상의 계약이 성립되어 법적인 구속을 받게 된다.

발주서는 일반적으로 보통 3부가 작성되며 원본은 공급업자에게 주문의 근거로 보내고, 사본 1부는 구매부서에서, 나머지 1부는 물품 납입 후 대금지급의 근거로 회계부서에서 보관한다. 발주서에는 급식수명과 주소, 공급업체명과 주소, 확인번호, 공급업자에 대한 일반적인 지시사항, 구매품목에 대한 자세한 설명, 구매계약 단가, 구매자 서명 등의 내용이 포함된다.

표 6-7 발주서 양식

발 주 서

발주일자 :　　　년　　　월　　　일

공급업체 :

급식소명 :

담 당 자 :

No.	물품코드	식자재명	단위	발주량	규격	납품일자

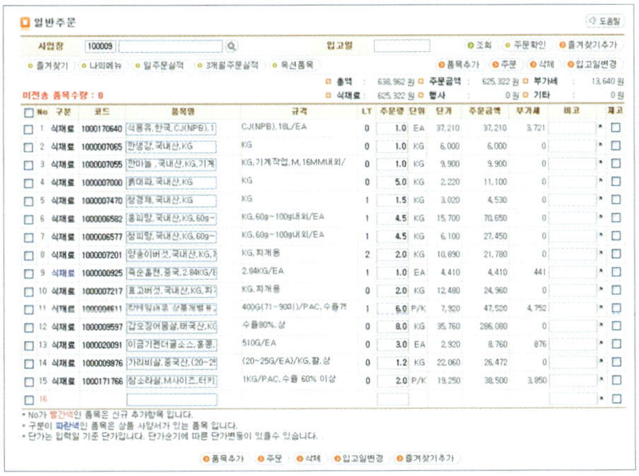

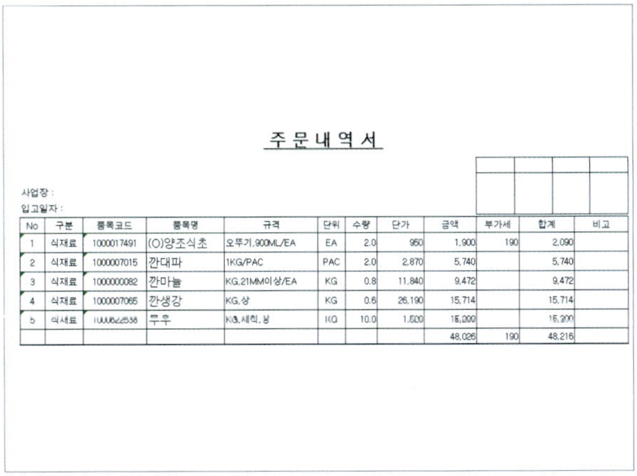

주 문 내 역 서

사업장 :
입고일자 :

No	구분	품목코드	품목명	규격	단위	수량	단가	금액	부가세	합계	비고
1	식재료	1000017491	(O)양조식초	오뚜기,900ML/EA	EA	2.0	950	1,900	190	2,090	
2	식재료	1000007015	깐대파	1KG/PAC	PAC	2.0	2,870	5,740		5,740	
3	식재료	1000000082	깐마늘	KG,21MM이상/EA	KG	0.8	11,840	9,472		9,472	
4	식재료	1000007065	깐생강	KG,상	KG	0.6	26,190	15,714		15,714	
5	식재료	1000622538	무우	KG,세척,상	KG	10.0	1,520	15,200		15,200	
								48,026	190	48,216	

그림 6-3 전산 프로그램용 발주서

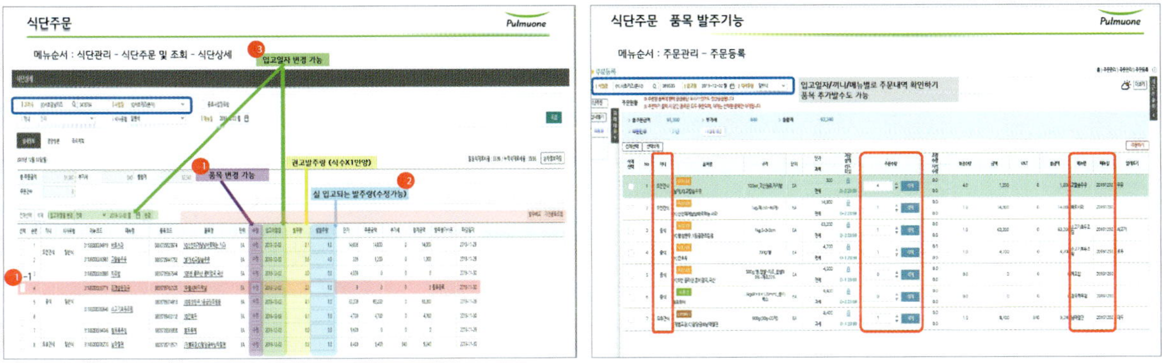

그림 6-4 식자재 유통 전문업체의 통합 발주시스템

출처: (주)푸드머스

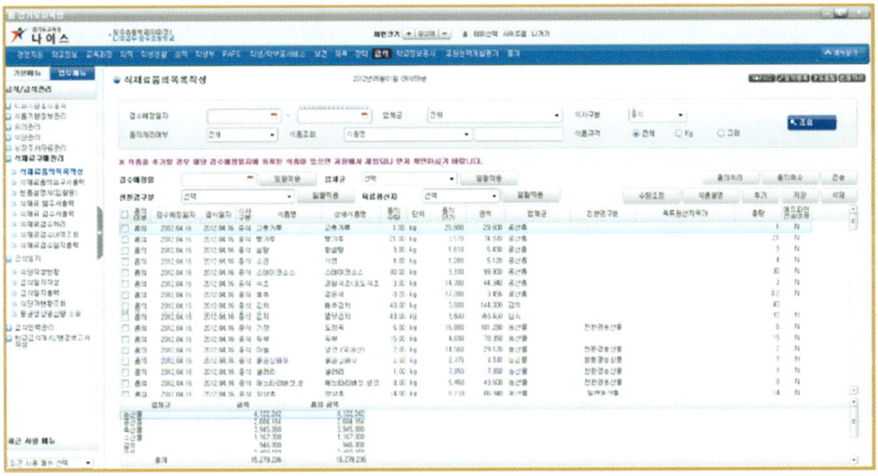

그림 6-5 NEIS 급식시스템: 식재료 구매관리

출처: NEIS

CHAPTER

7

검수관리

1. 검수의 개념과 발주량을 이해한다.
2. 검수방법에 따른 특징과 검수절차를 이해한다.
3. 검수 시에 필요한 식품의 감별법을 이해한다.

1. 검수의 개념

검수는 납품검사라고도 하며, 공급업체에 의해 배달되는 물품들이 주문내용과 일치하는지 확인하는 절차이다. 검수의 목적은 납품된 물품의 수량과 품질을 검사하여 구매자의 사용목적에 맞는지 또는 불량품인지의 여부를 색출하는 것이다.

검수 업무는 주문한 물품의 목록인 구매명세서에 맞는 품목, 품질, 신선도, 위생상태, 수량, 크기, 중량, 가격, 냉장·냉동품의 경우 온도를 확인하는 절차 등을 포함하며, 검수절차는 일반적으로 배달된 물품의 인수accepting, 확인validating, 서명signing으로 진행된다.

검수 업무를 담당하는 검수원은 급식소의 상황에 적합하도록 공급업자의 물품 배달시간 등 검수 일정을 미리 계획하고, 검수 시에는 물품의 목록이 적힌 구매청구서의 사본과 검수 설비 및 기기 등을 구비하여 주문한 물품의 납품 여부를 항목별로 확인한 후 검수한 물품내역을 검수일지에 기재해야 한다.

2. 검수 업무 수행의 구비조건

검수 업무가 효율적으로 수행되기 위해서는 유능한 검수 전담요원, 공급업체의 물품이나 검수 담당자 모두에게 접근이 용이한 검수장소, 적절한 검수 설비 및 기기, 충분한 검수시간, 세밀히 작성된 구매명세서와 구매청구서의 사본 등을 갖추어야 한다.

1) 검수원

검수가 효과적으로 이루어지기 위해서는 정직하고 의욕적이며 검수할 물품의 품질 평가능력과 검수절차에 대해 잘 알고 있는 유능한 검수 담당자가 필요하다. 일반적으로 급식소에서는 영양사가, 영양사가 없는 경우에는 조리 종사자와 시설장이 검수를 진행하며, 효과적인 업무 통제를 위해 구매와 검수를 분리하는 것이 바람직하다.

(1) 검수원의 자질

① 각 물품의 품질명세에 대한 지식이 있어야 한다.

② 다양한 물품의 특성을 알고 품질을 평가할 수 있는 능력이 있어야 한다.

③ 검수절차를 잘 알고 있어야 한다.

④ 문제 발생 시 업무 처리의 방법과 절차를 잘 알고 있어야 한다.

⑤ 검수일지 작성 및 기록, 보관절차 등을 잘 알고 있어야 한다.

⑥ 검수 시 물품에 하자가 있을 때 취해야 할 조치를 잘 알고 있어야 한다.

⑦ 적절한 교육과 훈련을 통해 검수 업무를 원활히 수행할 수 있어야 한다.

(2) 검수원의 업무내용

① 관련 서류(계약서·견적서·주문서)에 근거하여 검수를 수행한다.

② 주문한 물품의 품질과 수량을 검수한다.

③ 검수 결과의 내용을 기입하고 반드시 서명을 하여 검수에 관한 기록을 남긴다.

④ 미납품, 반품현황 등은 해당 부서에 보고한다.

⑤ 검수 후 인수한 물품에 대한 일일검수보고서를 작성한다.

⑥ 공급업체의 물품청구서에 검수를 확인하고 대금청구에 이상이 없도록 한다.

2) 설비 및 기기

(1) 설비 조건

검수 업무를 효율적으로 수행하기 위한 설비 조건은 다음과 같다.

① 물품을 검사하기에 적절한 밝기의 조명시설(조도 540lux 이상)을 갖추어야 한다.

② 물건과 사람이 이동하기에 충분한 넓이의 공간을 확보해야 한다.

③ 검수장소는 공급업체가 물품을 배달하기 쉽고, 저장시설 또는 전처리상 등으로 이동하기에 가까워야 한다.

④ 위생과 안전이 확보되어야 한다.

⑤ 검수구역은 청소가 용이하고 배수가 잘되며 병충해의 피해를 막을 수 있도록 설계된 시설이어야 한다.

⑥ 물품을 바닥에 놓지 않도록 주의하며, 물품검사를 위한 검수대의 높이는 바닥에서 60cm 이상이 바람직하다.

(2) 검수기기

검수에 필요한 기기로는 저울, 온도계(전자식 온도계, 적외선 온도계, 비접촉식 적외선표면온도계), 전용 장갑, 통조림 따개, 칼, 가위 등이 있으며 검수를 마친 물품은 운반차를 이용하여 옮긴다.

전자저울　　　플랫폼형 전자저울

그림 7-1 검수 시 사용하는 저울

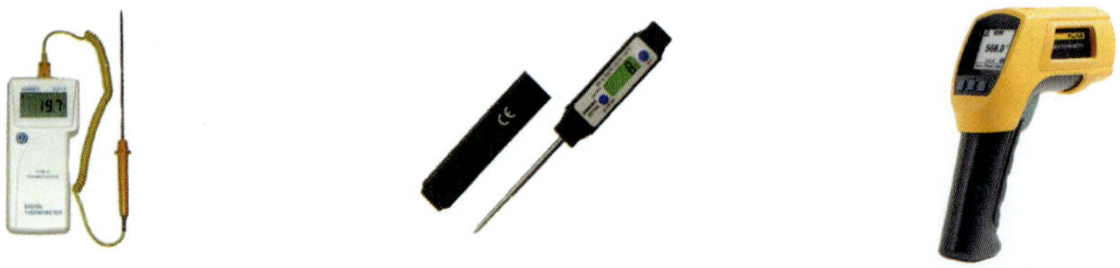

탐침식 온도계　　　탐침식 온도계(펜 타입)　　　비접촉식 적외선표면온도계

그림 7-2 검수 시 사용하는 온도계

L형 운반차　　　L형 운반차 날개형

그림 7-3 검수 시 사용하는 운반차

알아두기

유형별 온도계의 특징

온도계는 식자재의 검수 시 가장 중요한 도구 중 하나이다. 펜 타입은 휴대가 간편하여 필요 시 사용이 편리하며 가격도 저렴하나 반응속도가 약간 느리다.

비접촉식 적외선표면온도계는 냉장 또는 냉동 상태로 운송되는 식품의 온도를 측정하는 데 사용하며, 식품과 접촉하지 않으므로 살균 처리할 필요가 없다. 식품이나 포장에 손상을 주지 않고 온도를 순간적으로 읽을 수 있어 시간의 지체 없이 신속하게 사용할 수 있으나 가격이 높은 단점이 있다.

3. 검수방법

납품된 물품의 검수는 품목에 따라 검사에 소요되는 시간과 비용을 최소화하기 위해 다양한 방법을 활용할 수 있다. 급식소에서 많이 사용하는 검수방법에는 전수검수법과 발췌검수법이 있다.

1) 전수검수법

납품된 물품(식자재)을 전부 검사하는 방법으로, 손쉽게 검수할 수 있는 품목이나 주로 육류와 같은 고가품목의 경우에 적합하다. 전수검수법을 적용하면 우수한 품질의 물품을 입고할 수 있으나 검수 시간과 비용이 많이 소요되는 단점이 있다.

2) 발췌검수법

납품된 물품(식자재) 중에서 몇 개만 무작위로 뽑아 검사하고 그 결과를 판정기준과 대조하여 적합 및 부적합을 결정하는 방법이다. 발췌검수법은 물품의 수량이 많은 경우, 검수항목이 많은 경우, 검수 시간과 비용을 절약해야 할 경우에 적합한 방법으로 파괴성 검사에 효과적이나 품질이 낮은 물품이 섞여 있을 가능성이 있다.

4. 검수 시 유의사항

① 검수는 식품이 도착한 즉시 공급업자와 함께 진행한다. 온도계, 전용 장갑, 저울, 칼, 가위, 통조림 따개 등을 준비하고, 물품 배송차량의 청결상태와 차량 내부의 온도를 측정하여 식품위생을 철저히 해야 한다.

② 모든 물품은 바닥에서 60cm 이상 높이의 검수대 위에 올려놓고 검수하며, 냉장 또는 냉동 상태로 배송되는 식품은 비접촉식 적외선표면온도계를 사용하여 온도를 측정한다.

③ 식품의 품질 검수 시에는 맨손으로 만지거나 손가락으로 맛을 보지 않으며, 얼음이나 물이 포함된 식품의 수량 검수 시에는 얼음과 물을 제거한 후 중량을 측정한다.

④ 진공 포장된 식품은 두 팩 사이에 온도계를 넣고 온도를 측정하며, 상자 안에 들어 있는 채소의 경우에는 꺼내서 검수한다.

⑤ 김치류는 맛, 냄새 등의 관능검사를 실시하고 배추의 원산지증명서를 함께 받아서 보관한다.

⑥ 검수를 위해 실험이 필요한 경우에는 당도계, 염도계 등의 기기를 사용한다.

⑦ 사과나 배는 검수 시 1상자의 개수, 크기, 품종, 산지 등을 확인하고, 축산물은 원산지, 등급판정확인서, 도축검사증명서를 확인하고 육색, 등급, 부위, 지방점유율 등 품질을 검수하여야 한다.

⑧ 유통기한을 의무적으로 표시하도록 되어 있는 우유(살균제품), 두부, 묵 등 21개 식품

제조연월일 표시

제조연월일은 포장을 제외한 더 이상의 제조나 가공이 필요하지 않은 시점을 말하며, 도시락·김밥·햄버거·샌드위치 등 상하기 쉬운 식품과 설탕·소금 등 장기간 보관이 가능한 식품은 유통기한 대신 생산된 제조연월일을 표시하도록 의무화되어 있다.

유통기한(shelf life or expiry date)

유통기한은 소비자에게 판매되는 모든 식품의 경우 제조일로부터 판매가 허용되는 기한을 말한다. 우유(살균제품), 두부, 묵 등 21개 식품은 '식품공전'에서 유통기한을 정하고 있으며, 그 외의 식품은 제조업자가 유통기한을 설정하여 표시하도록 의무화되어 있다. 수입식품은 제조일자 또는 유통기한의 표시기준과 방법이 국가별로 다르므로 표시사항을 확인하여 준수하도록 한다.

품질유지기한(best before date)

식품의 특성에 맞는 적절한 보존방법이나 기준에 따라 보관할 경우 해당 식품 고유의 품질이 최상의 상태로 유지될 수 있는 최종 기한을 말하며, 식품회사가 자율적으로 설정한다. 장기간 보관해도 부패의 우려가 적은 통조림식품, 잼류, 장류, 김치류, 젓갈류, 절임식품 등은 유통기한 대신 품질유지기한으로 표시할 수 있다. 품질유지기한으로 표시하는 식품은 유통기한 표시를 생략할 수 있다.

소비기한(expiration date or use by date)

식품을 소비할 수 있는 최종 기한을 말한다.

알아두기

물품 검수 시 주의해서 확인해야 하는 사항

- 물품이 과대 포장된 경우
- 좋은 상품만을 가장 위에 제시하는 경우
- 물품의 전체 등급 표시 없이 특정 등급만 납품하는 경우
- 뼈나 지방 등 폐기량이 많은 물건을 납품하는 경우
- 검수부서를 거치지 않고 직접 생산부서로 납품하는 경우
- 대량 포장 안에 단위포장이 되어 있는 경우

사례

풀무원 푸드앤컬쳐의 배송관리

신선하고 안전한 식재료 전달을 위한 다양하고 효율적인 물류 시스템, 강력한 Cold Chain System 확보와 제품의 납품관리, 이동시간관리, 제품온도관리, 제품온도관리, 차량온도관리를 할 수 있는 다양한 물류시스템으로 효율적인 물류서비스를 제공한다.

1. 보관 및 배송 프로세스

2. 배송차량의 온도관리 시스템

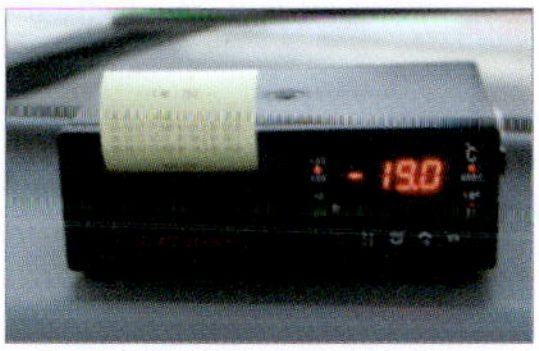

차량 내부 온도 모니터

냉동/냉장 격실 칸막이

온도 유지 및 해충 방지를 위한 스트림커튼

출처: (주)풀무원 푸드앤컬쳐 홈페이지(https://www.pulmuonefnc.com/infra/infra010.jsp)

은 유통기한을 확인한다. 수입식품은 소비기한, 품질유지기한, 유통기한 등으로 표시되어 있으므로 표시사항을 확인한다.

⑨ 품질 검사 시 규격에 맞지 않는 식품은 반드시 반품 처리한다.

5. 검수절차

검수원은 검수 일정을 사전에 계획하고 공급업자에게 통보함으로써 물품이 정확한 시간에 배달되어 검수가 원활하게 이루어지도록 해야 한다. 변질되기 쉬운 식품, 육류, 수산물, 농산물, 공산품 등은 품목에 따라 배송 일자(요일), 시간 등을 사전에 공급업체와 조율하는 것이 효과적이다. 검수 업무의 절차는 다음과 같다.

1) 배달물품과 구매청구서의 대조

배달된 물품은 구매청구서와 구매명세서를 대조하여 품목마다 품질과 수량을 확인한 후 인수한다.

2) 배달물품과 납품서의 대조

납품서(거래명세서)는 공급업자가 배달물품의 명세와 가격을 기록한 서류로 배달된 물품의 항목과 수량이 납품서와 일치하는지 정확히 확인해야 하며, 납품서는 발주서와 일치해야 한다. 즉 급식소에서는 검수 시 실제 배달된 물품과 발주서, 납품서의 내용이 일치하는지 확인해야 한다. 납품서는 물품대금 청구의 근거로 사용되므로 오류사항이 있으면 반드시 정정하도록 한다.

3) 물품의 인수 또는 반품

검수 후 공급된 물품에 문제가 없으면 이를 인도받고 납품서에 검수 확인(서명이나 도장)을 한다. 그러나 배달된 물품의 품목·수량·품질·저장온도·위생상태 등에 문제가 있는 경우와 주문하지 않은 물품, 가격이 일치하지 않는 물품, 납품일자가 잘못된 물품인 경우에는 인수하지 않고 반품서를 작성하여 반품조치한다.

검수기준에 부적합한 물품의 반품 절차와 규칙은 사전에 정해야 하며, 반품 사유는 인수자와 납품자 간에 서로 확인하고 기록으로 남겨 필요 시 관리자에게 보고한다.

4) 꼬리표 부착

검수를 마친 물품을 1일 이상 보관할 때는 창고로 운반하기 전에 검수일시, 납품업체, 무게나 수량, 보관방법, 가격 등을 기입한 라벨이나 꼬리표tag를 부착하면 통제관리가 수월하다. 검수원은 특히 육류, 가금류, 어패류 등을 창고에 저장할 경우 반드시 꼬리표를 부착해야 한다.

꼬리표는 내구성이 있는 두꺼운 카드에 인쇄하고 두 부분으로 쉽게 절취할 수 있는 점선처리를 하여 한 부분은 물건에 부착하고 다른 한 부분은 회계부서로 보내 재고량 통제의 목적으로 사용한다. 저장품의 꼬리표는 납품업자명을 확인하기 위한 조치로 출고 시에 물품의 무게를 다시 측정할 필요가 없으며, 신속한 실사 재고조사에 유용하다.

5) 적절한 장소로 운반·저장

물품의 검수가 끝난 후에는 도난이나 부정 유출, 저장조건의 부적절 등으로 인한 손실을 방지하기 위해 안전하고 적절한 장소에 보관해야 한다. 당일에 사용하지 않는 물품은 검수가 끝나는 즉시 냉장·냉동고나 창고 등에 보관하며, 오염의 우려가 있는 식자재는 외부 포장 등을 제거한 후 조리장으로 반입한다. 검수 후 조리장으로 입고된 식자재는 곧바로 전처리과정을 거치도록 하며, 온도관리를 요하는 것은 전처리 전까지 냉장·냉동실에 보관한다.

6) 검수의 기록

공급된 물품에 대한 기록은 중요한 검수 업무 중의 하나이며, 이를 통해 검수한 물품의 정보를 보유하게 된다. 기록의 양식이나 유형은 급식소에 따라 다를 수 있으나 일반적으로 검수일지, 납품서(거래명세서), 검수도장, 검수표, 반품서 등이 사용된다.

(1) 검수일지

검수일지는 배달에 관한 정확한 내용(배달일시·납품업자·수량·가격정보)을 제공하며, 검수원이 작성하고 책임자의 결재를 받아야 한다. 검수일지에는 물품명, 공급단가, 수량, 금액, 공급업자, 규격 등의 내용이 포함된다.

검 수 일 지

작성일: 20 년 월 일 요일

No	식품명	수량	단위	유통기한	온도 (℃)	포장 상태 (○,△,X)	품질 상태 (○,△,X)	원산지	업체명	조치 사항
1										
2										
3										
4										
5										
6										
7										
8										
9										
10										
11										
12										
13										
14										
15										
16										
17										
18										
19										
20										

관리기준	- 제품온도: 냉장식품 0~5℃, 냉동식품은 얼은 상태유지 -18℃ 이하 - 품질, 포장상태: 신선도, 색, 냄새, 식품표시사항, 유통기한 확인 원산지, 중량, 포장상태, 이물혼입, 녹은 흔적 등 확인
작성방법	- 포장 및 품질상태: '○'=양호, '△'=조금 불량이나 사용 가능, 'X'=불량 표시 - 조치사항: 품질상태가 불량이거나, 문제가 있을 경우 반품 후 변경사항 기록

어린이급식관리지원센터의 검수일지

물 품 검 수 조 서

납품업체 :
입고일자 :

구분	품명	규격	수량	단가	금액	VAT	원산지	비고
식재료	(O)양조식초	오뚜기,900ML/EA	2.00	950	1,900	190		
식재료	깐대파	1KG/PAC	2.00	2,870	5,740		중국산	
식재료	깐마늘	KG,21MM이상/EA	0.80	11,840	9,472		국내산	
식재료	깐생강	KG,상	0.60	26,190	15,714		국내산	
식재료	무우	KG,세척,상	10.00	1,520	15,200		국내산	
합계					48,026	190		

물품출납원	물품운용자	검수자

검수서 (입고)

사업장 :
입고일자 :

구분	품명	규격	단위	주문량	검수량	포장 상태 (O.X)	품온 (℃)	유통 기한	품질 상태 (O.X)	조치	주문 비고	원산지
식재료	(O)양조식초	오뚜기,900ML/EA	EA	2.								
식재료	깐대파	1KG/PAC	PAC	2.								중국산
식재료	깐마늘	KG,21MM이상/EA	KG	0.8								국내산
식재료	깐생강	KG,상	KG	0.6								국내산
식재료	무우	KG,세척,상	KG	10.								국내산

검 수 시 설	파렛트 / 검수대 / 검수장 / 중심온도 등의 청소/소독관리상태 : 양호 ( ) 미흡 ( ) 불량 ( )
배 송 차 량	차량내부 청소상태 : 양호 ( ) 미흡 ( ) 불량 ( ) 온 도 : 냉 장 ℃ , 냉 동 ℃ (온도유지 10℃ 이하)
식 품 내 부 온 도	생선 / 육류 / 기름류 체크 10 ℃ 이하 기준 초과시 반품조치 또는 즉시 냉동보관

검수일자 :oooooo검수자 : ooooooo확인

식자재 유통 전문업체의 통합 발주시스템 검수서

그림 7-4 검수일지 양식의 예

(2) 납품서(거래명세서)

납품서statement of delivery는 거래명세서 또는 송장이라고도 하며, 공급업자가 물품과 함께 송부하는 것으로 공급한 물품의 명세와 대금에 대한 기록이다. 공급업자는 발주한 물품을 납품할 때 납품서를 구매담당자에게 송부하며, 구매담당자는 납품서가 발주서와 일치하는지 대조한다. 납품서에는 납품자, 공급업체명과 주소, 납품일자, 식자재명, 수량, 규격(단위), 공급가액, 검수인 서명 등의 내용이 포함된다.

거 래 명 세 서 (공급받는자용)

2019/04/01 (월) [일고기준]

공급자					공급받는자				
	등록번호					등록번호			
	상 호		성명			상 호		성명	
	주 소					주 소			

NO	품목코드	품명	규격	수량	단위	단가	공급가액	세액	총액
1	1000017491	(O)양조식초	오뚜기,900ML/EA	2.0	EA	950	1,900	190	2,090
2	1000007015	깐대파	1KG/PAC	2.0	PAC	2,870	5,740		5,740
3	1000000082	깐마늘	KG,21MM이상/EA	0.8	KG	11,840	9,472		9,472
4	1000007065	깐생강	KG,상	0.6	KG	26,190	15,714		15,714
5	1000622538	무우	KG,세척,상	10.0	KG	1,520	15,200		15,200
소계							48,026	190	48,216

그림 7-5 납품서(거래명세서)의 예

(3) 검수도장(서명)

검수도장 또는 서명은 납품서 등의 확인을 의미하며 이는 물품검수에 대한 증명, 계산의 정확성, 대금 지급의 승인을 뜻한다.

(4) 검수표

납품서 없이 물품을 인수할 경우에는 검수표를 작성해야 한다. 검수표는 회계부서로 보내져 구매요구서나 추후에 보내오는 납품서와 대조하기 위한 목적으로 작성된다.

(5) 반품서

반품서는 검수 결과 반환할 물품이 있을 때 검수원이 작성하는 문서이다. 반품서에 의해 납품업자에게 대금의 환불 요구나 적절한 물품의 재공급을 지시하게 된다. 원본은 납품서(거래명세서) 사본과 함께 업자에게 보내고, 1부는 검수원이 보관하며, 나머지 1부는 회계부서에 송부한다. 일반적인 절차로 우선 반품사유 등이 기록된 반품서를 작성하고, 반품된 물품의 즉각적인 반환조치가 필요한 경우에는 관리자에게 식단 변경 등을 요청해야 한다.

학교 보관용

식자재 반품확인서

No. ________

1. 납품업체명 :
2. 납품 일시 :
3. 품목 및 수량 :
4. 반품 사유 :

확인자 :	학교 직)	성명	(인)
입회자(납품자) :	학교 직)	성명	(인)

-------------------- 절---취---선 --------------------

업체 통보용

식자재 반품확인서

No. ________

1. 납품업체명 :
2. 납품 일시 :
3. 품목 및 수량 :
4. 반품 사유 :

확인자 :	학교 직)	성명	(인)
입회자(납품자) :	학교 직)	성명	(인)

그림 7-6 반품서 양식

6. 식품의 감별법

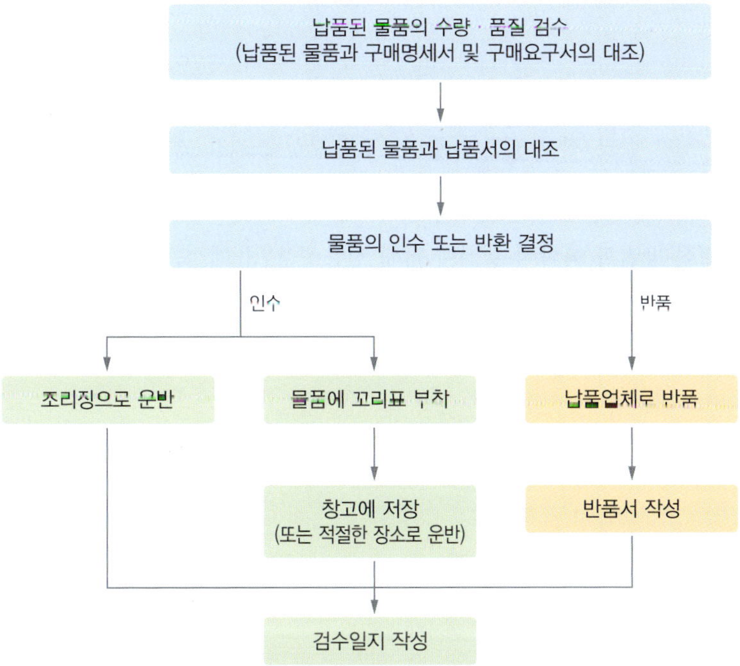

그림 7-7 검수절차의 흐름도

알아두기

- 검수 시 발주서는 품목과 수량을 대조하기 위해 필요하며 선도, 위생, 수량 등이 주문내용과 일치하는지 검사하여 수령 여부를 판단한다.
- 발주서, 납품서, 구매명세서는 식재료 검수 시 필요한 서식이다.
- 검수자는 구매명세서에 표기된 식품의 신선도, 품질, 및 등급, 단가, 단위 등에 관한 내용을 숙지하여야 한다. 검수한 식품이 구매명세서의 품질과 달라 반품을 해야 할 경우에는 반품서를 작성하며, 검수일지에 기록을 남기고 담당부서장의 결재를 받는다.

식품의 감별을 통해 위생상 위해한 성분을 검출하여 식중독을 미연에 방지할 수 있으며, 검수자는 검수 시 이에 대한 전반적인 사항을 숙지하고 있어야 한다. 식품의 감별법에는 관능검사법과 이화학적 검사법이 있으며, 일반적으로 급식소에서는 관능검사법이 많이 이용되고 있다.

관능검사법은 인체의 오감에 의한 방법인데, 감별요소로는 외관(색·광택·형상·신선도·크기), 향미(단맛·신맛·쓴맛·짠맛·떫은맛·향기), 조직(탄성·조직감·경도 및 씹는 질감) 등이 있다.

이화학적 검사법에는 현미경에 의해 식품의 세포나 조직의 모양, 미생물의 존재 여부를 알아내는 검경적 방법과 화학적 실험에 의해 영양성분·유해성분 등을 검출하는 화학적 방법, 식품의 비중·경도·비점·부피 등을 측정하는 물리학적 방법, 생화학실험에 의해 효소반응·효소활성도 등을 측정하여 식품의 품질을 감별하는 생화학적 방법 등이 있다.

표 7-1 식품의 감별법

품목	감별법	검수방법
쌀	• 토사가 섞여 있지 않고 쌀알이 고르며 윤기가 나는 것 • 투명하고 경도가 높아 씹었을 때 단단한 것 • 수분 함량은 15~16%로 잘 마르고, 쌀알에 흰줄이 생기지 않은 것	• 관능검사 • 종류 및 원산지 확인
밀가루	• 건조상태가 좋고 손으로 쥐었다 놓아도 덩어리가 지지 않는 것 • 이상한 냄새와 맛이 나지 않는 것	• 관능검사 • 제조회사 및 유통기한 확인
감자	• 청색을 띠지 않고 싹이 트지 않은 것 • 알이 굵고 단단하며 겉에 골이 많지 않은 매끄러운 것 • 춥고 습기가 없는 건조한 지방에서 나온 것 • 깐 감자의 경우, 껍질이 완전히 제거되고 표면이 무르지 않은 것	• 관능검사 • 전처리한 감자는 온도 측정으로 10℃ 이하인지 확인 • 전처리 감자는 5℃ 이하인지 확인
당근	• 마디가 없고 잘랐을 때 심이 없는 것 • 모양이 통통하고 색깔이 일정하게 주황색을 띠는 것	• 관능검사 • 온도 측정으로 일반 채소류는 상온, 전처리 식자재는 10℃ 이하인지 확인 • 농산물의 종류별 표시방법 확인(유기농산물·무농약농산물·저농약농산물) • 전처리 채소는 5℃ 이하인지 확인
무	• 속이 꽉 차고 무거운 것 • 외피에 잔뿌리가 적고 썩거나 벌레 먹은 부분이 없는 것	
잎상추	• 크기가 일정하고 잎이 짓무르지 않은 것 • 물에 담그지 않은 것 • 고유의 색깔을 유지하고 흙이나 이물질이 없는 것	

(계속)

품목	감별법	검수방법
양배추	• 결구가 단단하고 절단 시 속에 심이 없는 것 • 무게가 2.5kg 이상인 것	• 관능검사 • 온도 측정으로 일반 채소류는 상온, 전처리 식자재는 10℃ 이하인지 확인 • 농산물의 종류별 표시방법 확인(유기농산물·무농약농산물·저농약농산물) • 전처리 채소는 5℃ 이하인지 확인
양파	• 외피가 무르지 않고 단단한 것 • 싹이 트지 않은 것	
오이	• 형태가 곧고 일정하며 성숙한 씨가 없는 것 • 표면의 가시가 손상되지 않은 것	
통배추	• 결구가 잘되고 속이 꽉 찬 것 • 잎이 두껍지 않고 속에 심이 없는 것	
파	• 줄기가 신선하고, 잎은 녹색으로 부드럽고 연한 것 • 실파나 쪽파는 꽃대가 피지 않은 것	
표고버섯	• 갓이 너무 많이 피지 않고 버섯의 형태를 유지한 것 • 표면은 암갈색, 속은 흰색을 띠는 것 • 촉감이 탄력 있는 것 • 크기가 일정하고 변색이 없는 것	
양송이버섯	• 흰색이며 버섯 특유의 향이 있는 것 • 버섯 갓과 자루 사이의 피막이 떨어지지 않은 것 • 이물질이 묻어 있지 않은 것	
호박	• 껍질이 연하고 육질이 치밀하며 단단한 것 • 연두색으로 신선도가 높은 것	
두부	• 단단하고 모양이 반듯하며 쉰내가 안 나는 것	• 관능검사 • 제조회사 및 콩의 원산지 확인
콩나물	• 머리의 색깔이 노랗고 잔뿌리가 없는 통통한 것 • 석유 냄새가 나지 않고 이물질이나 썩은 것이 없는 것	• 관능검사 • 제조회사 및 유통기한 확인
숙주	• 콩과 녹두의 원산지 확인 • 잔뿌리가 없고 길이가 4cm 미만으로 통통한 것 • 석유 냄새가 나지 않고 이물질이나 썩은 것이 없는 것	
귤	• 껍질이 두껍지 않고 겉껍질과 알맹이가 들떠 있지 않은 것 • 표면이 무르지 않고 상처가 없는 것 • 크기가 고르고 껍질이 주황색을 띠며 맑고 윤기가 있는 것	• 관능검사 • 품종 및 원산지 확인 • 농산물의 종류별 표시방법 확인
바나나	• 노란색을 띠며 크기가 고르고 굵은 것 • 떫거나 비린 맛이 없는 것	
배	• 당도가 11brix 이상인 것 • 모양이 둥글고 굴곡이 없는 것	

(계속)

품목	감별법	검수방법
사과	• 당도가 13brix 이상인 것 • 색깔이 보기 좋고 표면에 상처가 없는 것 • 모양이 고르고 사과 특유의 향기가 나는 것	• 관능검사 • 품종 및 원산지 확인 • 농산물의 종류별 표시방법 확인
수박	• 크기가 크고 껍질이 얇으며 꼭지가 마르지 않은 것 • 수분이 많고 당도가 높으며 씨가 적은 것 • 모양이 고르고 검은 줄무늬가 뚜렷한 것	
딸기	• 외피에 손상이 없고 꼭지가 싱싱한 것 • 크기가 크고 특유의 향과 단맛이 강하며 과육이 단단한 것	
달걀	• 표면이 꺼칠꺼칠하고 광택이 없는 것 • 식염수(6%의 소금물)에 넣었을 때 가라앉는 것 • 난황계수(난황높이÷난황지름)가 높은 것 • 난황과 난백이 뚜렷하고 난백의 점도가 높은 것 • 소란: 44g 이하, 중란: 44~52g 대란: 52~60g, 특란: 60~68g, 왕란: 68g 이상	• 관능검사 • 껍질을 깨서 온도 측정 • 포장용기에 표시된 등급 판정 확인(품질, 중량, 규격) • 달걀의 품질등급은 1+등급, 1등급, 2등급, 3등급, 중량규격은 왕란, 특란, 대란, 중란, 소란으로 구분·확인 • 포장용기의 품질등급과 중량규격, 등급판정일 확인
버터	• 미황색으로 얼룩이 없고 변질된 냄새가 나지 않는 것 • 반점이 생겼거나 지방이 분리되지 않은 것	• 관능검사 • 유통기한 확인
우유	• 유백색을 띠고 신선한 풍미가 나는 것 • 비중이 물보다 조금 무거우므로 물에 한 방울 떨어뜨렸을 때 구름과 같이 퍼져 내려가는 것 • 멸균유는 공기의 흡입이나 가스 생성이 없어야 한다.	• 관능검사 • 온도 측정으로 냉장 10℃ 이하인지 확인 • 유통기한 확인
치즈	• 특유한 향과 풍미를 지니며 조직과 색깔이 균일한 것 • 건조되지 않고, 입에 넣었을 때 부드러운 느낌으로 촉감이 좋으며 이물이 남지 않는 것	• 관능검사 • 유통기한 확인
새우	• 육질이 단단하고 이취가 없는 것 • 색이 붉지 않고 고유 색깔을 나타내는 것	• 관능검사 • 온도 측정으로 냉장제품 5℃ 이하, 냉동제품 -18~-15℃ 이하인지 확인
꽃게	• 크기와 모양이 고른 것 • 이취가 나지 않고 고유 색깔을 띠는 것	
홍합	• 실이 붉은 빛을 띠는 것 • 패각이 부서져 있는 등의 손상이 없는 것 • 살이 윤기가 있고 통통하며 비린내가 나지 않는 것	
가자미	• 바늘이 심하게 벗겨진 것은 좋지 않음 • 뱃살이 희고 비린내가 심하지 않은 것 • 살이 단단하고 탄력성이 있으며 표면이 끈적거리지 않는 것	

(계속)

품목	감별법	검수방법
고등어	• 배가 단단하고 윤택이 있는 것 • 눈동자가 맑고 아가미가 선홍색인 것 • 등에 푸른색의 짙은 줄무늬가 있고 비린내가 강하지 않은 것	• 관능검사 • 온도 측정으로 냉장제품 5℃ 이하, 냉동제품 -18~-15℃ 이하인지 확인
꽁치	• 밝은 빛을 띠는 것 • 탄력성이 있고 등쪽은 짙은 청색, 배쪽은 은백색을 띠는 것	
오징어	• 붉은색이나 초콜릿색으로 탄력성이 있는 것 • 발의 중앙에 있는 눈이 무르지 않은 것	
건어물	• 건조도가 좋고 냄새가 없으며 모양이 반듯한 것	• 관능검사
쇠고기	• 선홍색이 좋으며 일부 암적색을 띠고 윤기가 나는 것 • 육질등급은 근내지방도, 육색, 지방색, 조직감, 성숙도에 따라 1++, 1+, 1, 2, 3 등급 및 등외로 구분 · 확인	• 관능검사 • 온도 측정으로 냉장제품은 5℃ 이하, 냉동제품은 -18℃ 이하인지 확인 • 축산물의 도축검사서, 등급판정확인서 등 확인 • 덩어리 형태인 것은 표면온도계로 가장 두꺼운 부분의 온도 측정 • 육색, 등급, 부위, 지방점유율 확인
돼지고기	• 분홍색을 띠고 윤기가 나는 것 • 지방의 색깔이 흰색이고 변질된 냄새가 나지 않는 것 • 육질등급은 삼겹살의 상태, 고기의 색깔, 지방의 침착정도에 따라 1+, 1, 2, 등외등급의 4개로 구분 · 확인	
닭고기	• 연분홍색으로 탄력성이 있고 신선한 것 • 살붙힘, 도계상태로 품질판정, 등급판정일자 표시로 신선도 파악 • 품질등급은 1+, 1, 2등급, 중량 등급은 5개로 구분(특대 1.45kg 이상 등) · 확인	• 관능검사 • 온도 측정으로 냉장제품은 5℃ 이하, 냉동제품은 -18~-15℃ 이하인지 확인 • 축산물품질평가원의 품질등급 확인
김치	• 전용 기구를 이용하여 맛, 냄새 등을 확인	• 관능검사 • 배추의 원산지증명서 확인
냉장식품	• 포장상태 확인	• 제조회사 및 유통기한 확인 • 식자재 하차 시 온도 측정으로 배송차량 내부가 10℃ 이하인지 확인(신선편의식품 및 훈제연어는 5℃ 이하)
냉동식품	• 포장상태 확인 • 녹은 흔적이 없는 것 • 냉동만두는 제품이 부서지거나 손상이 없는 것(특히 만두가 한 덩어리로 붙어 있는 것은 녹았다가 다시 얼은 것이므로 주의)	• 제조회사 및 유통기한 확인 • 식자재 하차 시 온도 측정으로 배송차량 내부가 -18℃ 이하인지 확인 • 포장된 냉동식품은 상자나 용기의 옆면을 개봉하여 온도계를 그 안의 포장 사이에 넣어 온도 측정
통조림	• 외관이 찌그러지거나 부풀지 않고 녹슬지 않은 것 • 안쪽 면이 변색되지 않은 것	• 제조회사, 제조연월일, 유통기한 확인

출처: 식품의약품안전처, 2015

알아두기

식재료 규격 가이드

식자재 공급 전문업체에서는 식품의 크기나 색택, 무게 등의 기본 사항들과 조리용도, 절단방법 및 형태에 대한 규격 가이드를 마련, 이를 기준으로 식재료를 구매하도록 하여 외식업체와 식자재 공급업체 간의 정보교환 및 원가관리에 도움을 주고 있다.

식재료 규격 가이드는 규격화에 따른 식재료 공급업체의 생산과 유통을 도모하여 외식업체의 생산성 효율을 높이고, 원가 절감 및 고품질의 메뉴 생산에 도움이 된다.

외식업체 식재료 규격 가이드는 농산물품질관리원과 수산물품질검사원, 축산물등급판정소의 정보들과 식재료 품목들의 규격 가이드 정보를 바탕으로 구매, 검수 시 기준 정보를 제공하며 다양한 식재료 공급업체 정보들을 포함하고 있다.

다음은 식자재 규격 가이드 라인의 예시이다.

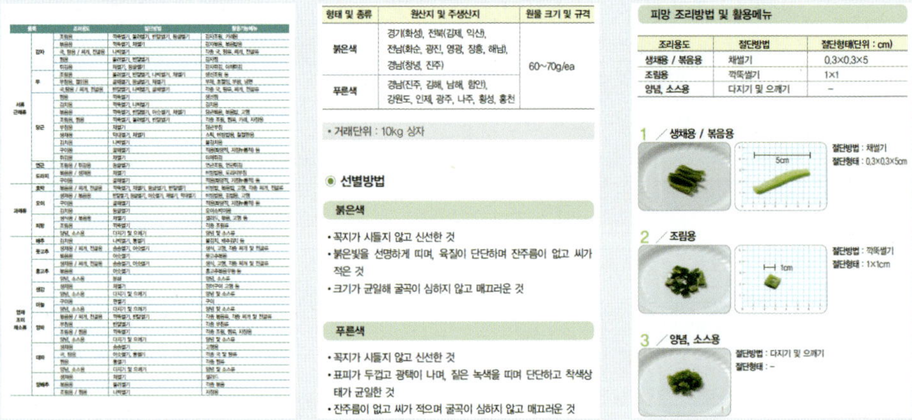

형태 및 종류	원산지 및 주생산지	원물 크기 및 규격
붉은색	경기(화성), 전북(김제, 익산), 전남(화순, 광진, 영광, 장흥, 해남), 경남(창녕, 진주)	60~70g/ea
푸른색	경남(진주, 김해, 남해, 함안), 강원도, 인제, 광주, 나주, 횡성, 홍천	

• 거래단위 : 10kg 상자

선별방법

붉은색

• 꼭지가 시들지 않고 신선한 것
• 붉은빛을 선명하게 띠며, 육질이 단단하며 잔주름이 없고 씨가 적은 것
• 크기가 균일해 굴곡이 심하지 않고 매끄러운 것

푸른색

• 꼭지가 시들지 않고 신선한 것
• 표피가 두껍고 광택이 나며, 짙은 녹색을 띠며 단단하고 착색상태가 균일한 것
• 잔주름이 없고 씨가 적으며 굴곡이 심하지 않고 매끄러운 것

피망 조리방법 및 활용메뉴

조리용도	절단방법	절단형태(단위 : cm)
생채용 / 볶음용	채썰기	0.3×0.3×5
조림용	깍뚝썰기	1×1
양념, 소스용	다지기 및 으깨기	–

1 / 생채용 / 볶음용
절단방법 : 채썰기
절단형태 : 0.3×0.3×5cm

2 / 조림용
절단방법 : 깍뚝썰기
절단형태 : 1×1cm

3 / 양념, 소스용
절단방법 : 다지기 및 으깨기
절단형태 : –

피망(농산물·과채류)

고등어 조리용도별 절단규격

조리용도	절단방법	절단형태
구이용	세장뜨기	각 20±5g
		각 40±5g
		각 50±5g
조림용	토막내기	4cm 정도 절단 / 각 30±5g
		5cm 정도 절단 / 각 50±5g
		7cm 정도 절단 / 각 70±5g

1 / 구이용
절단방법 : 세장뜨기
개당중량 : 20±5g, 40±5g, 50±5g

2 / 조림용
절단방법 : 토막내기
절단형태 : 4cm, 5cm / 7cm
개당중량 : 30±5g, 50±5g, 70±5g

선별방법

국산(구이용, 조림용–포, 토막) – 냉동, 냉장

• 등은 푸른색의 짙은 줄무늬가 있고, 배는 은백색을 띰
• 배부위가 통통하며 탄력이 있는 것
• 옆구리의 깨알같은 반점이 없는 것
• 구부러지지 않고 살이 뼈에 밀착되어 있는것
• 해동후 육질이 치밀할 것(스펀지 현상이 없을 것)
• 탄력이 없고 살이 무른 것, 냄새가 나는 것은 싱싱하지 않은 것

연근해(남해) 고등어

• 어체의 등쪽 몸빛깔이 연한 청록색임
• 어체의 등쪽 물결무늬가 가늘며, 청색임
• 복부의 빛깔이 은백색임
• 유통은 주로 신선냉장 및 자반으로 유통됨

국산(자반포, 포, 토막) – 냉동, 냉장

• 이취가 없고 살이 흐물어지지 않는 것
• 등색이 푸르게 윤이 나고 살이 단단한 것
• 배 부위가 통통하며 탄력이 있는 것
• 구리의 깨알같은 반점이 없는 것
• 구부러지지 않고 살이 뼈에 밀착되어 있는 것
• 눈이 적색을 띠고 점액이 끼어 있는 것, 탄력이 없고 살이 무른 것, 냄새가 나는 것은 싱싱하지 않은 것

수입(구이용, 조림용–포, 토막) – 냉동, 냉장

• 어체의 등쪽 몸빛깔이 짙은 청록색이고 어체의 등쪽 물결무늬가 굵으며, 청흑색임
• 복부의 빛깔이 백색

수입산(대만, 일본) 고등어

• 어체 등쪽 몸빛깔은 청색이며, 물결무늬가 선명하지 않음
• 배쪽은 회색반점이 뚜렷하게 산재
• 유통은 냉동 및 자반으로 유통됨

수입(자반포, 포, 토막) – 냉동, 냉장

• 어취가 없고 살이 흐물어지지 않는 것
• 어체의 등쪽 몸빛깔이 짙은 청록색이고 어체의 등쪽 물결무늬가 굵으며 청흑색임
• 복부의 빛깔이 백색

고등어(수산물)

알아두기

달걀의 산란일자표시제

식품의약품안전처는 2019년 8월 23일 산란일자표시제를 시행하였다. 앞으로 산란일자가 표시된 달걀만 유통·판매되는 만큼 소비자는 시장, 마트 등에서 산란일자를 확인하고 신선한 달걀을 구입할 수 있다.

산란일자표시제는 달걀의 안전성을 확보하고, 소비자에게 정보 제공을 강화하고자 마련한 제도이다 따라서 소비자는 달걀 껍데기에 표시된 10자리 숫자를 확인하면 되는데 산란일자 4자리, 생산자고유번호 5자리, 사육환경번호 1자리 순서이다. 생산자 고유번호란 가축사육업 허가·등록증에 기재된 고유번호를 말하며 특히 맨끝자리 번호로 닭의 사육환경을 알 수 있다

사육환경번호 1은 방목장에서 닭이 자유롭게 다니도록 키우는 사육방식인 '방사'를 뜻하고, 2는 케이지(닭장)와 축사를 자유롭게 다니도록 키우는 사육방식인 '평사'를 말한다. 3은 '개선케이지', 4는 '기존케이지'를 말한다.

출처 : 식품의약품안전처, 2019

CHAPTER 8

저장관리

1. 저장관리의 의의와 원칙을 이해한다.
2. 저장시설의 종류를 이해한다.
3. 각각의 저장시설을 이용한 적합한 저장방법을 이해한다.
4. 식품별 저장방법을 이해한다.
5. 입 · 출고 관리의 의의를 이해한다.

1. 저장관리의 개념

1) 저장관리의 의의

저장관리란 구매한 물품을 수요자에게 공급할 때까지 일정 기간 합리적 방법을 통해 변질이나 손상되지 않은 원상태, 즉 납품검사에 합격된 상태 그대로의 품질과 수량을 보존관리하는 것을 말한다. 급식소에서는 저장관리가 물품의 검수와 조리 업무를 연결하는 기능을 함으로써 급식의 품질관리 측면에 매우 중요한 영향을 미친다.

검수가 완료된 물품은 그 종류와 특성에 맞게 최상의 품질을 유지하기 위해 최적의 상태로 저장관리된다. 이때 입고관리, 출고관리, 재고관리의 업무가 이루어지며 저장관리의 효율성과 안전성을 높이기 위해 최적의 저장시설이 구비되어야 한다.

따라서 저장관리란 검수 직후부터 식자재를 사용하기 전까지의 관리과정으로서 식품을 구입하여 조리할 때까지 영양이 손실되지 않고 해충의 피해가 없도록 잘 보관하며 부패하지 않도록 관리하는 것을 의미한다.

2) 저장관리의 원칙

저장기간 중 발생할 수 있는 물품의 품질 유지비용 등을 최소화하기 위해 저장관리담당자는 다음의 저장관리원칙을 반드시 고려해야 한다.

(1) 위치 표식화의 원칙

저장해야 할 물품은 품목별, 규격별, 품질 특성별로 분류한 후 저장고 내의 일정한 위치에 표식화하여 저장한다. 저장 위치를 표식화하면 물품을 쉽게 찾을 수 있으며, 재고조사 시에도 시간과 노력을 최소화할 수 있다. 반면 저장 위치가 정확하지 않으면 출고명령서를 받았을 때 해당 물품을 찾기 어렵고 과잉구매나 손실, 도난의 우려가 높아질 뿐만 아니라 재고조사 시에도 혼란과 복잡함을 초래한다.

(2) 분류 저장의 원칙

저장 시에는 창고 내에 체계적으로 분류해 놓아야 식품의 식별이 쉽고 입·출고가 효율적으로 이루어진다. 저장물품을 먼저 품목별로 분류한 후 입출고의 빈도수, 가나다순, ABC순 등으로 정렬하여 저장한다.

(3) 선입선출의 원칙

선입선출first-in first-out, FIFO의 원칙이란 저장시설에 먼저 입고된 물품이 먼저 출고되어야 한다는 원칙이다. 즉 물품 적재 시 저장관리자는 저장식품의 유통기한을 고려하여 나중에 입고된 물품은 현재 보관 중인 물품의 뒤쪽에 적재하고, 유효일자나 입고일을 기록함으로써 선입선출에 따라 출고관리가 이루어지도록 한다. 선입선출을 활용하면 식품의 낭비를 최소화하고 선도를 유지하여 양질의 음식생산에 많은 도움이 된다.

(4) 품질 보존의 원칙

식품을 납품된 상태 그대로 품질과 수량의 변화 없이 보존해야 한다는 원칙이다. 온도·습도·통풍 등을 세심하게 관리하고 구서·구충 등의 기능을 갖춘 시설을 활용하여 품질 변화를 최소화해야 하며, 물품의 도난이나 부정 유출을 방지하기 위해 저장창고에 잠금장치를 설치하고 출입을 제한한다.

(5) 공간 활용 극대화의 원칙

물품을 저장하기 위해서는 충분한 공간 확보가 필수적이다. 저장공간에는 물품의 양과 부피를 수용할 수 있는 점유공간과 물품을 운반할 수 있는 이동공간 등이 필요하지만, 과도한 공간 확보는 급식소의 관리비용을 상승시킨다. 따라서 확보된 공간의 활용을 극대화함으로써 경제적 효과를 높여야 한다.

2. 저장시설

1) 저장시설의 조건

저장시설은 식품이나 물품을 보관 및 적재하는 제반시설로서 식품 보관창고를 의미한다. 식품 보관창고는 식품의 안전성을 향상시키고 다양한 품목의 특별한 요구를 충족하기 위한 보존성을 유지할 수 있도록 제품의 특성과 사용빈도 등의 요인을 고려하여 마련한다.

저장시설은 일반적으로 물품의 입고와 출고가 편리하도록 검수구역과 조리구역 사이에 위치한다. 식자재의 양과 급식소의 규모 및 재고 수준에 따라 저장시설의 규모를 결정하는데, 식품 창고의 경우 저장물품에 따라 상온저장실, 냉장저장실, 냉동저장실로 구분한다.

식품 창고는 식품의 종류나 특성별로 적당한 온도와 습도가 유지되고, 방충 및 환기 시설이 잘 구비되어야 하며, 채광이 좋아야 한다. 저장시설로서 식품 창고는 다음과 같은 기능을 수행한다.

① 물품의 수령과 보관

② 운반과 이동의 적절한 매개 역할

③ 필요 요구의 충족과 소비에 대한 대응

④ 구매와 입·출고 업무의 효율적인 수행

2) 저장시설의 종류

식품을 저장할 때는 각 식자재의 적합한 저장온도와 습도기준을 준수해야 한다. 이에 따라 저장시설은 크게 건조물품의 저장을 위한 건조창고, 냉장 저장을 위한 냉장고, 냉동 저장을 위한 냉동고로 분류한다.

(1) 건조창고

상온 저장고로서 건조식품, 통조림식품 등 상온에서 저장이 가능한 품목을 보관하는 창고이다. 건조창고는 보관하는 식품과 물품의 특성에 따라 양곡창고, 조미료창고, 가공식품

창고, 건어물창고, 비품 및 주방용 소기구·식기·세제 보관창고로 분류할 수 있는데 특성이 유사한 품목들은 함께 보관하면 공간을 절약할 수 있다.

건조창고는 해충의 침입을 막기 위한 방충 및 방서 시설과 적정 온도 및 습도를 유지할 수 있는 환경조건을 갖추어야 한다. 대체로 건조창고는 온도 10~25℃, 습도 50~60%가 적당하다. 온도계와 습도계를 설치하여 각 공간의 온도와 습도를 관리하고, 채광과 통풍상태를 잘 유지하며, 공기순환을 위해 천장 가까운 곳에 환풍시설을 설치한다. 자연환기를 위해서는 천장으로부터 30~50cm 떨어진 위치에 창문을 설치하고 방충망 및 잠금장치와 함께

그림 8-1 창고 보관방법

출처 : 식품의약품안전처(집단급식소 위생관리 매뉴얼)

직사광선 투과를 최소화할 수 있도록 설계한다.

선반은 스테인리스스틸 재질로 최소한 벽면에서 15cm, 바닥에서 25cm 떨어진 곳에 설치한다. 보통 4~5단으로 설치하는데, 선반의 폭은 60cm 이내가 사용하기에 편리하며, 1단에는 무거운 식품을 저장하고 2단과 3단에는 비교적 가볍고 자주 사용하는 식품을 저장한다. 설탕, 밀가루 등 습기를 잘 흡수하는 식품은 선반의 높은 곳에 보관하고 창고 바닥에 방치하는 일이 없어야 한다. 벽면은 방수용 페인트로 도색하여 습기가 생기지 않도록 하고, 바닥은 미끄럽지 않으면서 청소가 쉬운 재질로 설비한다.

식품은 유형별로 체계적으로 적재하며, 물품 정면에 라벨을 붙여 재고조사나 출고 시에 시간과 노력을 줄이도록 한다. 건조식품 외에 비누, 소독제, 살충제 등의 화학물질은 분리하여 저장한다.

(2) 냉장고

냉장고는 온도 0~5℃, 상대습도 75~95%를 유지하는 저장시설로서 주로 냉장 육류, 유제품류, 채소 및 과일류 등의 비저장성 식품의 단기간 저장 시에 이용한다. 해당 품목들은 검수 즉시 냉장 저장하고 사용 직전에 출고함으로써 품질을 그대로 유지하고 영양가의 손실을 최소화해야 한다.

냉장고의 규모와 종류는 급식소의 규모와 구매방침 등에 따라 달라지는데, 일반적으로 급식소에서 이용하는 냉장고에는 창고식 대형 냉장고, 편의형 소형 냉장고, 양문형 냉장고 등이 있다.

① 창고식 대형 냉장고

주로 대규모 급식소에 많이 설치되는 창고식 대형 냉장고walk-in refrigerator에는 대량으로 배달된 식품을 이동형 선반이나 왜건으로 운반하여 보관하며, 내부에 직접 들어가서 물품을 꺼낼 수 있도록 설계되었다. 안전을 위해 안에서 문을 열 수 있는 장치나 경보기를 설치해야 한다. 온도 유지와 원활한 공기 순환을 위해 환풍시설을 갖추어야 하며, 벽면은 스테인리스스틸, 바닥은 미끄럽지 않고 청소가 용이한 재질을 사용한다. 냉장고 내부의 선반은 건조창고와 같은 조건으로 구성하고, 조명시설은 식품의 유통기한과 품질을 확인할 수 있는 적절한 밝기의 조도를 확보해야 한다.

② 편의형 소형 냉장고

편의형 소형 냉장고reach-in refrigerator는 소규모 급식소에서 주로 사용하며, 대규모 급식소에서도 소량의 식자재를 보관하는 용도로 사용한다.

③ 양문형 냉장고

양문형 냉장고pass through refrigerator는 전처리장과 조리장 사이에 설치하여 전처리된 식자재를 임시적으로 보관함으로써 이후에 조리장에서 사용할 수 있도록 한다. 또는 조리장과 배식 지역 사이에 설치하여 조리장 뒤쪽에서 음식을 넣어 주면 배식 지역에서 꺼내어 배식하는 방식을 통해 적온배식은 물론 위생적인 배식을 가능하게 한다.

냉장고 안의 선반은 60cm 이내의 폭이 적당하며, 1개 이상의 온도계를 설치하여 하루에

그림 8-2 창고식 대형 냉장고와 편의형 소형 냉장고

그림 8-3 양문형 냉장고

표 8-1 냉장 보관의 최대 저장기간

식품	최적 보관온도(℃)	최대 저장기간	비고
선어	1~2	20일	느슨하게 포장된 상태
조개, 오징어, 낙지	1~2	5일	뚜껑이 있는 용기에 담긴 상태
간 고기	3	2일	느슨하게 포장된 상태
절단고기	3	6일	상동
닭고기	2	7일	상동
달걀	4	3주	상동
잎채소류	7	7일	씻지 않은 상태

출처 : 식품의약품안전처(집단급식소 위생관리 매뉴얼)

2회 이상 정기적으로 내부의 온도를 점검한다.

(3) 냉동고

냉동고는 -20~-5℃에서 장기간의 저장을 요하는 식품에 이용되며, 내부 온도는 항상 -18℃ 이하를 유지해야 한다. 대형 냉동고와 소형 냉동고가 있으며 설치방식은 냉장고와 같다. 냉동식품은 검수 즉시 냉동고로 옮기고, 해동한 식품은 다시 냉동하는 일이 없어야 한다. 정기적으로 성에를 제거하여 정상적으로 가동되는지 확인하도록 한다.

냉동 저장은 장기 보관에 유용하지만 저장기간이 길어질수록 품질 저하의 우려가 있으며, 특히 냉동상 등에 주의해야 한다. 주요 식품별 냉동 보관에 따른 최대저장기간은 **표 8-2**와 같다.

표 8-2 냉동 보관의 최대 저장기간

식품	최대저장기간
기름이 있는 푸른생선 등(고등어 등)	3개월
기타 생선	6개월
쇠고기	6개월
쇠고기(간 것)	3~4개월
돼지고기	4~8개월
돼지고기(간 것)	1~3개월
생닭, 생오리	12개월

출처 : 식품의약품안전처(집단급식소 위생관리 매뉴얼)

육류와 어류를 냉동고에 보관할 경우에는 내장 또는 머리를 제거하거나 1인분 배식량에 맞춰 토막을 내는 등 적절한 손질 후에 저장하는 것이 좋다. 식품의 건조를 방지할 수 있는 방법으로는 비닐 포장이 효과적이다.

냉동상冷凍傷, freezer burn
냉동식품 중의 얼음결정은 냉동실에서 쉽게 승화되는데, 이때 수분이 빠져나가고 식품 조직에 변화가 일어나면서 맛과 풍미가 떨어지는 현상을 말한다.

- 보관용량은 찬 공기의 원활한 순환을 위해 70% 이하 유지
- 냉장온도 0~5℃, 냉동온도 −18℃ 이하를 유지하고 내부 온도는 주기적으로 확인

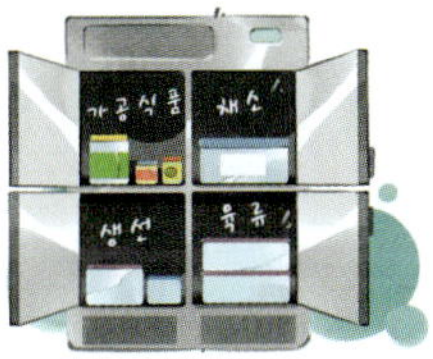

- 박스 제거 후 보관
- 조리한 음식은 충분히 식힌 후 덮개를 사용하여 냉장 · 냉동 보관
- 교차오염 방지를 위한 구분 보관
  - 날음식은 하단, 익힌 음식은 상단 보관
  - 생선 · 육류는 하단, 채소 · 가공식품은 상단 보관

- 외포장 상자는 제거 후 보관
- 문의 개폐는 신속히 최소화
- 일주일에 한 번씩 성에를 제거하고 수시로 안팎 청소

- 먼저 들어온 것 먼저 사용하기(선입선출)
- 해동한 음식은 재냉동 금지

그림 8-4 위생적인 냉장·냉동 보관방법

출처 : 식품의약품안전처(집단급식소 위생관리 매뉴얼)

알아두기

냉장·냉동 저장 시 유의사항

- 냉장고나 냉동고 문의 개폐에 따라 온도가 상승할 수 있으므로 최대한 신속하게 여닫고 횟수도 최소한으로 줄인다.
- 다량의 식품을 수납할 경우 냉기의 대류에 방해가 되므로 용량의 70% 이하, 창고형의 경우 40% 이하를 보관함으로써 적정 온도를 유지한다.
- 반드시 보관하는 식품의 표시사항을 확인하여 이를 준수한다.
- 교차오염 방지를 위해 날것은 하부에, 가열조리식품은 상부에 보관한다.
- 항상 청결하게 유지하고, 전처리가 되지 않았거나 오염된 포장지에 포장된 상태로 수납하지 않는다.
- 보관 중인 식자재는 덮개를 덮거나 포장하여 물품 간에 오염이 일어나지 않도록 유의한다.
- 개봉하여 일부 사용한 캔제품 등은 깨끗하게 소독한 용기에 옮겨 담아 개봉한 날짜, 유통기한, 제조업체 등을 표시하여 냉장 보관한다.
- 가급적 열원과 멀리 떨어진 장소에 설치하며, 정기적으로 점검과 청소를 실시한다.
- 냉장 또는 냉동으로 식품 속의 미생물이 사멸되는 것은 아니므로 설비만을 과신하지 말고 상황에 따른 적절한 조치를 취하는 것이 중요하다.
- 냉장·냉동고에 보관중인 축산물의 경우 원산지 표시를 하도록 한다.

3. 식품별 저장방법

창고관리자는 납품 시의 품질을 최대한 오래 유지하기 위해 각종 식자재의 최적 저장조건에 대한 지식이 필요하며, 그에 따른 적절한 저장계획을 수립할 수 있어야 한다.

1) 곡류

곡류의 저장 중 변화와 피해에 가장 큰 영향을 주는 요소는 수분과 온도이다. 곡물의 수분 함량은 주변의 습도와 밀접한 관계가 있는데, 쌀의 경우 수분 함량이 15% 이상이면 곰팡이 등 여러 가지 미생물이 번식할 가능성이 커진다. 곡물의 온도가 약 20℃ 이상일 때도 호흡작용과 해충 및 미생물의 번식이 왕성해진다. 따라서 그보다 낮은 온도일수록 이들의 번식도 감소하여 저장에 유리하며, 보통 15℃ 이하에서는 미생물의 활동이 거의 정지한다.

표 8-3 주요 곡류와 주식류의 보관 및 저장

품명	보관온도(℃)	최적(최장) 보관기간	비고
쌀	15~25	3개월	곰팡이 발생 전까지 사용 가능
보리쌀	15~25	3개월	-
밀가루	15~25	3개월(9~12개월)	-
식빵	15~25	48시간	-
건면	15~25	4개월	-
라면	15~25	3개월	-
시리얼	15~25	(6개월)	-
마카로니, 스파게티	15~25	(2~4개월)	-

출처 : 식품의약품안전처

곡류의 저장 중에는 화학적·생리적·물리적 변화가 일어난다. 그러나 곡류 저장에서 가장 피해가 큰 것은 해충, 미생물, 쥐 등의 생물에 의한 경우이다. 따라서 이러한 피해를 최소화하기 위해 적정 온도와 습도를 유지하고 방충과 방서 시설을 잘 관리해야 한다.

2) 육류

육류는 냉장고 또는 냉동고의 가장 찬 부위에 저장함으로써 저장온도를 낮추는 것이 필수적이다. 냉장육은 신선육으로서 냉동육에 비해 육질의 손상이 심하지는 않지만 냉장온도에 따라 품질의 우열이 달라질 수 있기 때문에 보관상의 어려움이 있다.

육류를 냉장고에 저장할 때는 4℃ 이하가 적합하며, 장기간 저장해야 할 경우에는 냉동고에 보관한다. 냉동 저장 시에는 공기가 차단되도록 밀폐용기에 넣거나 비닐백으로 포장한 후 -18℃ 이하에서 빠르게 냉동함으로써 화학적·효소적 변화를 최소화하고 미생물의 증식을 억제한다. 급속냉동을 위해서는 두께를 가능한 한 얇게 하는 것이 좋다.

가금육도 가장 차가운 곳에 보관한다. 냉장 시에는 4℃ 이하에서, 냉동 시에는 공기가 차단되게 포장하여 -18℃ 이하에서 저장한다. 통째로 구매한 가금육은 일반적으로 도착 후 3일 이내에, 부위별로 나눈 것이나 조리된 것은 1~2일 이내에 사용해야 하는데, 저장 중 녹색 또는 자색의 얼룩이 있거나 끈적끈적하거나 시큼한 냄새를 풍기는 것은 바로 폐기해야 한다.

3) 어패류

어패류는 구입한 당일에 모두 사용하여 소진하는 것이 바람직하지만 저장을 해야 할 경우 냉장고는 4℃ 이하, 냉동고는 -18℃ 이하로 보관한다. 생선은 바닥에 물기가 고이지 않도록 구멍이 뚫린 채반 등을 받쳐 보관하며, 발라낸 생선살은 공기가 차단되도록 방수 포장지에 싸서 냉장한다. 냉동의 경우에는 표면의 수분을 제거한 후 역시 공기가 차단되게 방수 포장지로 포장하거나 용기에 넣어 1회 분량씩 냉동한다.

표 8-4 어육류의 보관 및 저장

분류	품명	보관온도(℃)		최적(최장) 보관기간		비고
		냉장	냉동	냉장	냉동	
육류	쇠고기	4	-18~-12	3~5일	1~3개월	냉장 또는 냉동 상태로 보관
	돼지고기	4	-18~-12	2~3일	15일~1개월	
가금류	닭고기	4	-18~-12	2~3일	15일~1개월	
생선류	생선류	4	-18~-12	1~2일	15일~1개월	
패류	패류	4	-18~-12	1~2일	15일~1개월	
기타 어육류	두부류	4	-18~-12	1~2일	15일~1개월	찬물에 담갔다가 냉장하거나 찬물에 담가 보관
	달걀	4	-18~-12	7일~2주	15일~1개월	씻지 않고 냉장상태로 보관
	어묵	4	-18~-12	2일~5주	15일~1개월	냉장상태로 보관
갑각류	게, 새우	4	-18~-12	1~2일	(3~4개월)	-

출처 : 식품의약품안전처

4) 채소류 및 과일류

신선한 과일과 채소류는 일반적으로 5℃에서 저장한다. 채소는 우선 깨끗이 씻어야 하며, 잎채소를 냉장하는 경우에는 물을 약간 적신 후 용기에 담아 넣고 오이·토마토·가지 등은 방수 포장지에 싸서 냉장 보관한다. 시금치는 뿌리 부분을 씻은 다음 수분을 제거한 후 봉투에 담아 냉장하거나 잘 데쳐서 용기에 넣어 냉장 또는 냉동한다.

과일은 열대과일을 제외하고는 냉장 보관하는데, 사과의 경우 에틸렌가스가 나와 다른 과일을 숙성시키므로 따로 보관한다.

열대과일
열대와 아열대 지방에서 주로 생산되는 과일로 파인애플, 파파야, 아보카도, 망고, 키위, 바나나 등이 있음

표 8-5 채소류의 보관 및 저장

품명	보관온도(℃)	최적(최장) 보관기간	비고
엽채류	4~6	1일	씻은 상태
	15~26	3일	씻지 않은 상태
근채류	4~6	2일	
	15~25	3개월	무 : 보관일 7일
과채류	7~10	5일	
	15~25	3일	
감자류, 뿌리채소류	20	(7~30일)	씻지 않은 상태

출처 : 식품의약품안전처

5) 달걀류

날달걀은 포장용기에 담긴 채로 5℃ 이하에서 저장한다. 저장 전 달걀은 세척하지 않으며, 즉시 사용할 경우가 아니면 여러 개를 깨서 그릇에 담아 두지 않는다.

달걀은 냄새를 흡수하기 쉬우므로 냄새가 강한 식품과 함께 두지 말아야 한다. 액란의 경우도 원래의 포장용기에 담긴 채로 배달 즉시 5℃ 이하의 냉장고에 저장하며, 동결란은 -18℃에서 저장하고 사용하기 전에 냉장고에서 해동한다.

액란liquid egg
달걀을 깨트려 내용물을 살균 처리한 후 포장하여 냉장 유통하는 알가공품을 말한다. 단체급식 등의 현장에서는 조리 시 달걀을 일일이 깨는 것이 번거롭고 조리과정에서 껍질 등이 유입되는 것을 막기 위해 사용함

6) 기타

기타 가공식품은 표시된 보관방법을 반드시 확인하여 그에 따라 저장한다. 캔제품의 경우에는 개봉 시 캔 내부의 금속이 공기와 접촉하면서 내용물을 오염시킬 수 있으므로 사용하고 남은 분량은 다른 용기에 옮겨 담아 냉장 보관해야 한다.

표 8-6 조미식품류의 보관 및 저장

분류	품명	보관온도(℃)	최적(최장) 보관기간	비고
조미료류	간장	25	6개월(1년)	–
	된장	25	1개월(6개월)	–
	고추장	25	1개월(6개월)	–
	고춧가루	25	3개월(6개월)	서늘하고 통풍이 양호한 곳에 보관
	식초	25	1년(2년)	직사광선을 피하고 서늘한 곳에 보관
양념류	향신료	25	(6개월)	건조 저장 : 습도 50~60%
	겨자	25	(2~6개월)	
	소금	25	(무기한)	
	소스류	25	(2년)	
감미료	설탕	25	(1년)	건조 저장 : 습도 50~60%
	흑설탕	25	(1년)	
	시럽, 꿀	25	(1년)	

출처 : 식품의약품안전처

표 8-7 유지류의 보관 및 저장

분류	품명	보관온도(℃)	최적(최장) 보관기간	비고
유지류	참기름	15~25	1년(6개월)	–
	들기름	15~25	15일(3개월)	–
	미강유	15~25	8개월(1년)	–
	옥수수기름	15~25	8개월(1년)	–
	콩기름	15~25	8개월(1년)	–
유지류	마요네즈	15~25	(2개월)	건조 저장 : 습도 50~60%
	샐러드드레싱	15~25	(2개월)	
	샐러드오일	15~25	(6~9개월)	
	쇼트닝	15~25	(2~4개월)	

*직사광선을 받지 않는 서늘한 곳에서 위생적인 용기에 넣어 보관
*보통 5~25℃에서 보관
*생선 등과 같이 냄새가 많이 나는 식품과 분리 보관
출처 : 식품의약품안전처

4. 입·출고 관리

납품된 물품을 검수과정을 거친 후 창고에 수납하는 것을 입고라 하며, 입고된 물품이 사용부서의 요구에 따라 창고에서 출하되는 과정을 출고라 한다. 즉 입·출고 관리란 입고 및 출고 시 이동되는 물품의 수량적 관리를 뜻한다. 입고된 물품은 급식소 자산의 일부로 산정되고, 출고된 물품은 급식비의 원가에 산정되어야 하므로 입·출고 관리는 회계와 원가 관리에 중요한 정보를 제공한다.

입고관리는 검수단계를 거친 후 창고로 이동되는 물품들의 정보를 발주서, 납품서, 검수일지 등에 의해 통제하는 것이다. 반면에 출고관리는 창고에서 생산현장이나 영업장으로 불출될 때 출고전표를 통해 기록을 체계화함으로써 물품을 수량적으로 통제한다. 출고전표는 일반적으로 물품 사용부서에서 사용부서명, 출고일자, 불품명, 물품별 수량 및 단가 등의 내용을 작성하고 출고담당자에게 청구한다. 출고전표에 의해 물품이 출고되면 출고보고서를 작성하여 회계 담당부서로 보내 일일식자재 총액을 계산하도록 한다.

표 8-8 출고전표 양식

출 고 전 표

출고일자:　　　년　　　월　　　일

품번	품명	수량	단위	단가	비고

CHAPTER 9

재고관리

1. 재고관리의 개념을 이해한다.
2. 재고관리의 유형과 각각의 장단점을 이해한다.
3. 재고자산의 평가방법을 이해한다.
4. 재고회전율을 이해한다.

1. 재고관리의 개념

1) 재고의 정의

급식에서의 재고inventory는 합리적인 급식 생산계획을 위해 급식소에서 보유하고 있는 제반자원을 뜻하며, 수요와 공급을 충족시키기 위한 물품의 적절한 보관을 의미한다. 즉 수요는 필요를 의미하고 공급은 필요를 만족시키는 행위로 설명되는데, 미래의 수요는 발생 시간과 양의 측면에서 불확실성을 함축하고 있다. 재고는 이러한 불확실한 미래의 수요에 대비하기 위해 필요하다.

2) 재고관리의 정의

재고관리inventory control란 급식소에서 판매하고 있는 식품을 생산하기 위해 필요한 식자재들을 효율적으로 관리하는 활동을 말한다. 구체적으로는 종류별로 보유하고 있는 식자재의 양을 파악하여 판매계획에 근거한 필요한 물품을 구매함으로써 적정량을 보유하는 것이다. 이와 함께 각각의 식자재의 품질기준을 유지하고 저장공간을 효율적으로 이용하며 식자재의 입출고량을 정확하게 파악하는 업무를 말한다. 즉 재고를 최적으로 유지하고 관리하여 물품의 수요가 발생했을 때 신속하고 경제적으로 대응하기 위한 총체적인 경영활동을 재고관리라고 할 수 있다.

재고관리에는 재고물품의 발주시기, 발주량, 적정 재고 수준을 결정하고 시행하는 과정이 포함되며 여기에는 항상 비용이 수반된다. 재고관리와 관련된 비용으로는 구매비용purchase cost, 발주비용order cost, 보관비용storage charges 및 유지비용holding cost, 재고 품절에 따른 손실비용stock out cost 등이 있으며, 이 비용들의 합계가 총재고비용이 된다. 비용을 지출하면서 재고자산(물품)을 보유하는 것은 수요가 발생했을 때 필요한 수량을 필요한 장소에 조달하기 위함이다.

3) 재고관리의 기능

재고관리의 기능을 원가관리 측면에서 살펴보면 다음과 같다.

① 적절한 범위 내의 재고에 대한 투자를 최소화한다.

② 실제물량과 예측물량 간에 차이가 발생했을 때 대응할 수 있다.

③ 유통상의 문제 발생 시 안전하게 해결할 수 있다.

④ 재고의 보충시기를 제시한다.

⑤ 물품에 대한 품질 유지 및 안전성을 확보한다.

⑥ 재무보고서에 따른 재고량을 파악한다.

⑦ 물품의 용도와 사용빈도를 알 수 있다.

4) 재고관리의 중요성

재고관리는 물품의 부족으로 인한 생산계획의 차질을 방지하고 생산부서의 요구에 부합하며 기업의 방침에 따라 적정한 가격으로 물품을 구매하고, 도난과 부패에 의한 손실을 미연에 방지하여 재고에 대한 투자를 최소화하기 때문에 그 중요성이 강조되고 있다.

표 9-1 재고관리의 중요성과 식품상의 특성

구분	내용
재고관리의 중요성	• 물품 부족으로 인한 생산 및 판매계획의 차질을 방지한다. • 적정한 가격으로 품질 요구도에 맞는 물품을 구매한다. • 요구량과 일치하는 수준을 유지함으로써 재고비용을 최소화하는 경제적 기능을 한다. • 도난·낭비·부패·변질·해충 피해 등으로 인한 손실을 최소화한다.
식품 재고관리의 특성	• 저장수명(shelf life)이 짧다. • 저장에 따른 비용이 높다(냉장 또는 냉동 필요). • 수요 예측에 의한 사전 생산이나 물품의 보관이 제한되는 경우가 많다.

2. 재고관리의 유형

재고관리의 유형은 조사 및 기록 방법에 따라 영구재고관리시스템과 실사재고관리시스템의 2가지로 나누며, 두 재고시스템을 상호 보완적으로 병행하여 활용하면 적정재고관리에 도움이 된다. 영구재고관리시스템으로 재고를 관리하면서 주기적으로 실사 재고조사를 시행하면 기록과 실제 재고상태의 차이를 확인할 수 있어 재고관리에 효과적이다.

재고조사는 물품관리자나 저장고책임자가 실시하며, 필요시 관련 부서의 입회하에 실시하기도 한다. 재고조사의 결과는 물품의 자산적 가치에 해당하기 때문에 원가 계산 및 관리(경영관리)를 위한 회계상의 정보자료이기도 하다. 재무회계상의 제조원가는 자산으로 간주되어 재무제표에는 재고가능원가inventoriable costs로 보고되며, 재고물품이 판매될 때 매출원가의 형식으로 비용화된다. 일반적으로 물품을 구입할 때의 유일한 재고가능원가는 물품구입원가이며, 판매하지 않은 물품의 경우는 재무상태표(대차대조표)상에 자산으로 나타나고 재고자산으로 표시된다. 따라서 저장고에 재고로 있는 물품이 청구서에 의해 출고된 시점에서 원가는 매출원가로 비용화되며, 영구와 실사재고관리방법에 의해 조사 및 기록된다.

1) 영구재고관리시스템

영구재고관리시스템perpetual inventory system(=재고계속기록법perpetual inventory method)은 구매하여 입고되어 있는 재고자산의 증가나 감소를 계속적으로 기록하는 재고관리방법이다. 즉 물품의 입고량과 출고량을 계속 기록함으로써 남아 있는 재고의 품목과 수량을 파악하는 것이다. 이러한 기록을 통해 재고자산의 가치를 평가할 수 있을 뿐만 아니라 손익계산상의 매출원가도 지속적으로 알 수 있어 합리적인 적정재고량을 유지할 수 있다.

영구재고관리시스템은 비교적 규모가 큰 업체에서 대량재고를 보유할 때 사용되며, 건조물품 및 냉동저장고물품의 관리나 고가의 품목에 많이 활용된다. 영구재고관리시스템에서는 품목별 카드bin card를 작성하여 입출고와 재고기록을 나타낸다. 품목별 카드에는 고유

알아두기

영구재고관리시스템의 특성

- 구매물품에 대한 저장고의 정보 및 자료 제공
- 과잉구매와 과소구매의 관리
- 지속적인 재고의 수치 제공
- 재고품의 변화 추이 제시
- 제품의 선입선출 용이

재고번호, 날짜, 품목명, 상품명, 중량·용량·수량 등이 기록되며, 선반에 부착하여 물품의 신별을 용이하게 한다. 품목별 카드는 언제, 무엇이, 어디로, 얼마만큼 출고되었으며 얼마나 남아 있는지의 내력이 기록되어 있어 입출고·재고 기록카드라고도 한다.

표 9-2 영구재고기록카드 양식

품목:

영 구 재 고 기 록 카 드

입고						출고						
날짜	제공자	수량	단위	가격	액수	날짜	수령자	청구번호	수량	액수	차이	
											수량	액수

(1) 영구재고관리시스템의 장점

영구재고관리시스템은 적절한 재고량 유지에 관한 정보를 제공하기 때문에 특정 시점의 재고자산을 쉽게 파악할 수 있으며, 효율적인 재고관리에 유용하다.

(2) 영구재고관리시스템의 단점

영구재고관리시스템에 의해 재고관리를 수작업으로 진행하면 노동력이 소요되면서 경비도 증가하며, 기록체계의 정확성 문제로 효율성이 떨어진다는 단점이 있다. 따라서 정확성과 효율성의 측면에서 과학적인 전산화시스템을 활용하면 입·출고 및 재고 관리에 관한 정보의 제공과 기록을 보다 원활하게 수행할 수 있기 때문에 전산 운영이 일반화되고 있다.

2) 실사재고관리시스템

실사재고관리시스템physical inventory system(=재고실사법periodic inventory system)은 저장고에 보유하고 있는 물품의 수량과 목록을 주기적으로 실사하여 확인하고 정리하는 재고관리방법이다. 이는 영구재고관리의 정확성을 확인하기 위한 보완적 방법이며, 실제 재고량과 영구재고관리시스템의 기록을 비교하게 된다.

(1) 실사재고관리시스템의 장점

실사재고관리시스템은 영구재고관리시스템에서 파악하지 못하는 물품의 도난, 변패, 손실이나 입·출고의 기록상 문제점을 파악할 수 있다. 또한 재고단위당 단가와 보유량을 계산하여 재고금액을 확인할 수 있으며, 재고자산의 총가치를 평가하여 사용한 물품비용을 산출하는 데 필요한 정보를 제공한다.

(2) 실사재고관리시스템의 단점

재고조사에 많은 시간이 소요되어 신속하지 못하고, 간혹 부정확하다는 단점이 있다. 영구재고관리시스템의 단점을 보완하기 위해서는 다음과 같은 점에 유의하여 재고조사에 임해야 한다.

표 9-3 실사재고기록카드 양식

실 사 재 고 기 록 카 드

조사일시: 년 월 일(:)
조 사 자: (인)
확 인 자: (인)

품명	단위	수량	단가	금액	비고	품명	단위	수량	단가	금액	비고

주식재고액 : ₩
부식재고액 : ₩
total : ₩

알아두기

실사재고관리시스템의 활용 시 유의사항

- 실사를 위한 재고관리는 정확한 물품 확인과 기록 등을 위해 2인 이상이 실시하는 것이 효율적이다.
- 실사재고관리조사의 기록은 물품의 저장순서에 입각하여 시간을 최대한 절약해야 한다.
- 실사 전 품목의 가격을 기록하여 준비한다.
- 저장고의 모든 물품은 꼬리표를 부착한다.

표 9-4 영구 및 실사 재고관리시스템의 장단점 및 특징

유형	영구재고관리시스템	실사재고관리시스템
장점	• 적절한 재고량 유지를 위한 정보 제공 • 특정 시점의 재고량과 재고자산을 쉽게 파악 • 재고관리의 효율적인 통제	• 사용한 품목비의 산출에 필요한 정보 제공(재고자산의 총 가치 평가)
단점	• 많은 경비 소요 • 기록체계의 정확성에 문제 발생 가능성 내포	• 많은 시간 소요 • 신속성 부족 • 재고량의 부정확한 파악

3. 재고관리의 기법

효율적인 재고관리를 위한 기법에는 재고물품의 가치에 따라 A, B, C의 3등급으로 관리하는 ABC 관리기법과 재고량이 최소에 이르면 발주하여 최대재고량을 확보하도록 하는 최소-최대관리기법이 있다.

1) ABC 관리기법

(1) ABC 관리기법의 개념

ABC 관리기법ABC inventory control method은 재고물품의 중요도나 가치에 따라 A, B, C 등급으로 분류하여 차등적으로 관리하는 방식이다. 고가품목은 품목상으로는 낮은 비율을 차지하지만 취급금액상으로는 높은 비율을 점하는 것이 일반적이며, 업체별로 차이는 있으나 저가의 다수품목보다는 고가의 소수 중요물품을 중점 관리한다. 물품의 중요도 구분은 파레토분석Pareto analysis(파레토법칙)의 곡선을 활용하여 결정한다.

(2) ABC 관리기법의 분석절차 및 특성

ABC 관리기법은 파레토의 곡선 그림 9-1에 나타난 것과 같이 다양한 품목을 A, B, C의 3가지 등급으로 나누어 각 분석절차를 적용한다 그림 9-2.

ABC 재고관리의 등급별 특성을 살펴보면 A등급의 경우 고가치·고가 품목으로 육류·생선·주류가 이에 해당하며, 전체 재고량의 10~20%로 소량이지만 총재고금액의 70~80%를 차지한다. 이 품목들은 고가인 만큼 소요량과 보유량을 정확히 산출하고 발주량을 계획하는 것이 중요하며, 가급적 최소 수준으로 유지한다.

B등급은 중가치·중가 품목으로 과일류와 채소류가 이에 해당하며, 전체재고량의 20~40%, 총 재고금액의 15~20%를 차지한다. 일반적인 재고관리시스템을 적용하여 관리한다.

C등급은 저가치·저가 품목으로 밀가루·설탕·조미료·세제 등이 이에 해당하며, 전체재고량의 40~60%, 총 재고금액의 5~10%를 차지한다. 이 품목들은 재고량이 많기 때문에

알아두기

파레토법칙Pareto's law

파레토법칙 또는 80 : 20 법칙은 전체 결과의 80%가 전체 원인의 20%에 의해 일어나는 현상을 말한다. 예를 들어, 20%의 고객이 백화점 전체 매출의 80%에 해당하는 만큼 물건을 구매하는 현상을 설명할 때 이 용어를 사용한다. 2 : 8 법칙이라고도 한다. 이 용어를 경영학에 처음 사용한 사람은 조셉 M. 주란Joseph M. Juran이다. 이탈리아 인구의 20%가 이탈리아 전체 부의 80%를 소유하고 있다고 주장한 이탈리아의 경제학자 빌프레도 파레토Vilfredo Pareto의 이름에서 유래하였다.

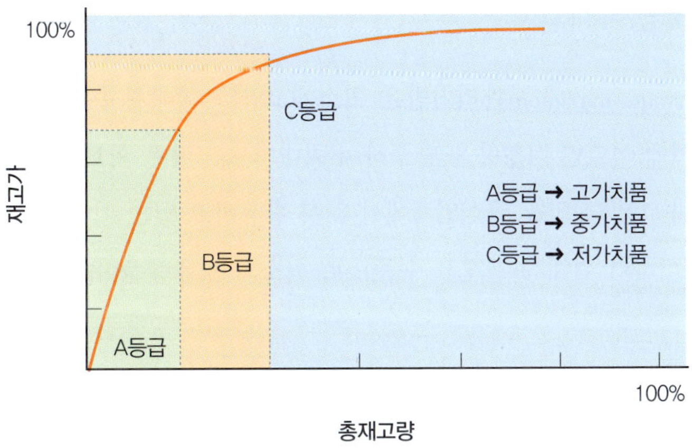

그림 9-1 ABC 관리기법의 파레토분석 곡선

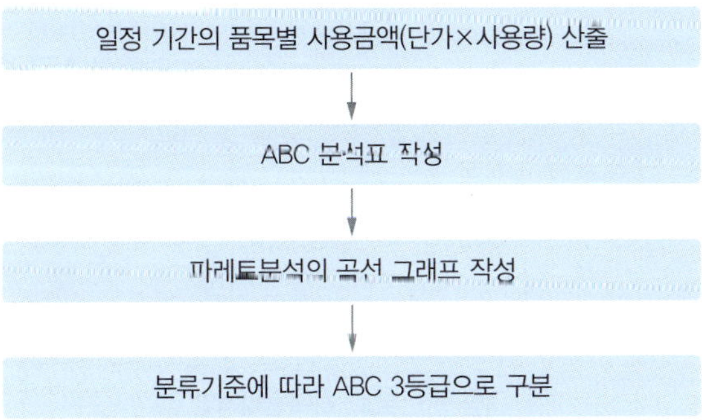

그림 9-2 ABC 관리기법의 분석절차

안전한 재고관리를 고려한 유효기간을 검토하여 대량으로 일괄 구입하는 것이 구매비용을 최소화할 수 있다.

표 9-5 ABC 등급의 분류기준

등급	분류	품목 사례	총재고량 중 점유비율	총재고금액 중 점유비율
A	고가치품	육류, 생선류	10~20%	70~80%
B	중가치품	과일류, 채소류	20~40%	15~20%
C	저가치품	밀가루, 세제, 설탕	40~60%	5~10%

2) 최소-최대관리기법

최소-최대minimum-maximum관리기법은 최소재고량과 최대재고량의 기준을 정해 두고 재고량이 최소치에 이르면 적정량을 발주하여 최대의 재고량을 확보하는 방법으로 정량발주방식을 말한다 그림 6-2 참조. 급식업체에서 많이 활용하고 있는 기법으로 예기치 않은 상황을 사전에 대비하기 위해 안전재고 수준으로 최소의 보유량을 유지하면서 재고를 관리하는 기법이다.

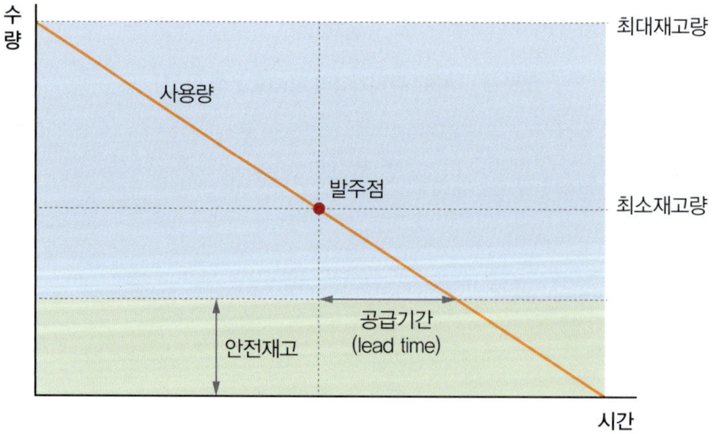

그림 9-3 최소-최대관리기법

알아두기

안전재고safety stock

안전재고란 기업의 재고품 운용 시 수요나 조달기간의 변동에 의한 품절이 발생하지 않도록 예상하는 수요보다 더 많이 보유하는 재고를 말한다. 즉 안전재고는 작은 범위 내에서의 수요와 조달기간의 변동을 완충하기 위한 평균재고량의 한 부분이다.

4. 재고자산의 가치평가법

구매한 물품이 저장고에 재고품으로 존재할 때는 현재의 사산에 해당한다. 일반적으로 재고품은 월말·연말 등 결산 시점마다 손익계산서상에 원가로 반영한다. 물품의 구입원가가 항상 일정하다면 문제가 없으나, 품목별 구입시기나 구입처에 따라 가격이 다르고 구매 시점과 현 시점의 자산적 가치가 달라지기도 하므로 저장품의 자산적 가치를 계산하는 데는 기업의 특성이나 상황에 따라 각기 다른 평가법이 적용되고 있다.

1) 실제구매가법

실제구매가법이란 재고조사 시에 남아 있는 품목들에 대해 입고된 시점의 실제 구입단가를 적용하여 재고자산을 계산하는 방법으로, 구매물량이 소규모일 때 적합하다. 이 방법은 입고된 물품마다 구입가격을 표시해 누는 것이 재고자산 평가시에 편리하다 표 9-6.

표 9-6 실제구매가법의 예

(단위 : 개, 원)

구입일	입고수량	입고단가	출고수량	재고수량
10월 1일	30	10,000	20	10
10월 7일	20	11,000	20	
10월 20일	50	12,000	30	20

재고조사의 결과가 표 9-6과 같을 때 실제구매가법으로 재고자산을 평가하면 다음과 같다.

10월 1일 : 재고수량 10개 × 단가 10,000원 = 100,000원
+ 20일 : 재고수량 20개 × 단가 12,000원 = 240,000원

340,000원

2) 선입선출법

선입선출법first-in first-out method, FIFO이란 먼저 입고된 물품을 먼저 출고한다는 재고회전원리의 원칙을 이용하여 재고자산을 평가하는 방법으로, 가장 최근의 구입단가를 반영한다. 선입선출은 시간이 흐름에 따라 가격이 인상될 때나 재고자산을 높게 책정하고 싶을 때 활용한다.

표 9-7 선입선출법의 예

(단위 : 개, 원)

구입일	입고수량	입고단가	출고수량	재고수량
10월 1일	30	10,000		
10월 7일	20	11,000		
10월 10일			30[1]	20
10월 20일	50	12,000		
10월 25일			40[2]	10

재고조사의 결과가 표 9-7과 같을 때 선입선출법으로 재고자산을 평가하면 다음과 같다.

1) 먼저 입고된 10월 1일분을 먼저 출고하며 후에 입고된 10월 7일분을 재고로 남긴다.
2) 10일 재고로 남은 20개를 먼저 출고하고 20일 입고된 50개 중 20개를 출고하면 총 재고수량은 10개가 된다.

⇨ 30개 × 20일 입고단가 12,000원 = 360,000원

3) 후입선출법

후입선출법last-in first-out method이란 선입선출법과는 반대의 개념으로, 최근에 구입한 것부터 먼저 사용하여 가장 먼저 입고된 물품이 재고로 남으면 재고자산 평가 시 가장 먼저 입고된 구입단가를 적용하여 그 가치를 산출한다. 이 방법은 재무제표상의 이익을 최소화하여 소득세를 줄이기 위한 수단으로 이용되기도 하며, 인플레이션과 같이 물가가 상승할 때 활용한다.

표 9-8 후입선출법의 예

(단위 : 개, 원)

구입일	입고수량	입고단가	출고수량	재고수량×단가
10월 1일	30	10,000		
10월 7일	20	11,000		
10월 10일			30	20
10월 20일	50	12,000		
10월 25일			40	10

재고조사의 결과가 표 9-8과 같을 때 후입선출법으로 재고자산을 평가하면 다음과 같다.

10월 25일 현재 총 재고수량 30개 × 10,000(10월 1일 구입단가) = 300,000원

4) 최종매입원가법

최종매입원가법last purchase cost method이란 기준일로부터 가장 최근에 구입한 단가를 재고금액에 적용하여 재고자산을 평가하는 방법으로, 재고물품을 입고했던 시점의 구입단가와는 관계없이 재고수량에 최근 구입단가를 곱하여 산출한다.

표 9-9 최종매입원가법의 예

(단위 : 개, 원)

구입일	입고수량	입고단가	출고수량	재고수량
10월 1일	30	10,000		
10월 7일	20	11,000		
10월 10일			30	20
10월 20일	50	12,000		
10월 25일			40	10

재고조사의 결과가 **표 9-9**와 같을 때 최종매입원가법으로 재고자산을 평가하면 다음과 같다.

재고수량의 합계가 30개이고 10월 1일분 입고원가는 10,000원, 10월 7일분 입고원가는 11,000원으로 다르지만 최종 구입단가는 12,000원에 최종 재고수량은 30개가 된다.
⇨ 최종 재고수량 30개 × 12,000원 = 360,000원

5) 총평균법

총평균법total average cost method이란 일정 기간의 총 구입액을 전체 입고수량으로 나누어 평균단가를 계산한 후 이 단가를 적용하여 재고자산을 구하는 방법으로, 물품을 대량으로 구매하거나 출고할 때 적합하다.

표 9-10 총평균법의 예

(단위 : 개, 원)

구입일	입고수량	입고단가	출고수량	재고수량
10월 1일	30	10,000		
10월 7일	20	11,000		
10월 10일			30	20
10월 20일	50	12,000		
10월 25일			40	10

재고조사의 결과가 표 9-10과 같을 때 총평균법으로 재고자산을 평가하면 다음과 같다.

$$\frac{(30\times10{,}000)+(20\times11{,}000)+(50\times12{,}000)}{100} = 11{,}200$$

따라서 재고자산은 재고수량 30개 × 11,200 = 336,000원이다.

5. 재고회전율

1) 재고회전율의 의의

재고회전율inventory turnover은 일정 기간 저장고에 있는 재고가 몇 회 회전했는지를 나타내는 평균사용횟수나 판매횟수를 의미하며, 물품의 구매와 사용빈도를 측정하기 위해 필요하다. 이는 재고품의 저장기간을 뜻하기도 하며, 이 기간이 짧을수록 좋다고 할 수 있다.

재고회전율은 급식소의 유형, 규모, 관리방식에 따라 달라지며 대체로 다음과 같은 요인에 의해 결정된다.

① 산업별, 기업별, 목적별, 용도별 재고의 유형과 규모

② 보유자산, 판매량, 영업활동 등

③ 저장고의 시설 수준과 설비·장치·수용능력 등

④ 공급자의 역량과 배달 등의 물류시스템

⑤ 구매정책과 구매물품의 유형 및 수량 등

2) 적정 재고 수준의 의의

적정 재고 수준이란 수요를 가장 경제적으로 충족시킬 수 있는 재고량을 의미한다. 보편적으로 물품 공급이 원활한 상태에서의 이상적인 재고 보유량은 일정 기간의 소비량이나 소비액의 1.5배 수준이며, 이 수준을 유지하지 못하고 재고량이 과잉되거나 부족하면 여러 가지 문제가 발생할 수 있다.

따라서 과잉재고와 과소재고 보유 시의 문제점을 고려하여 물품의 적정재고를 확보하면서 재고비용을 최소화할 때 효율적인 경영관리가 가능해진다.

표 9-11 과잉재고와 과소재고의 문제점

과잉재고	• 물품의 손실 • 물품 구입에 따른 투자비가 재고에 묶여 자금 운용에 불리 • 유지와 관리비용의 낭비 • 필요 이상의 과잉공간 확보 • 기회이익의 상실 • 저장기간의 장기화로 물품의 가치 하락
과소재고	• 품절로 인한 판매기회의 상실 • 기업의 신뢰도와 이미지 실추

3) 재고회전율과 재고량 및 수요량의 관계

(1) 재고회전율과 재고량의 관계

재고회전율과 재고량은 반비례관계에 있다. 즉 재고량이 많으면 재고량이 0zero이 되는 기간이 길어지므로 일정 기간 중 재고회전율은 감소하고, 재고량이 적으면 그 기간이 짧아지므로 재고회전율은 증가한다 그림 9-4. 따라서 재고회전율이 너무 높은 것은 재고의 고갈을 초래할 위험이 있다는 뜻이며, 회전율이 너무 낮은 것은 불필요하게 과잉재고량을 보유함으로써 관리비용을 상승시킨다.

(2) 재고회전율과 수요량의 관계

재고회전율과 수요량은 정비례관계에 있다. 즉 수요량이 적으면 재고량이 0zero이 되는 기간이 길어지므로 일정 기간 중 재고회전율도 감소하고, 수요량이 많으면 그 기간이 짧아지므로 재고회전율도 증가한다 그림 9-5. 따라서 수요량이 감소할 때는 재고량의 보충을 중단하고, 반대로 수요량이 증가할 때는 보충 수준을 높여 적정재고 회전율에 도달하도록 조정해야 한다.

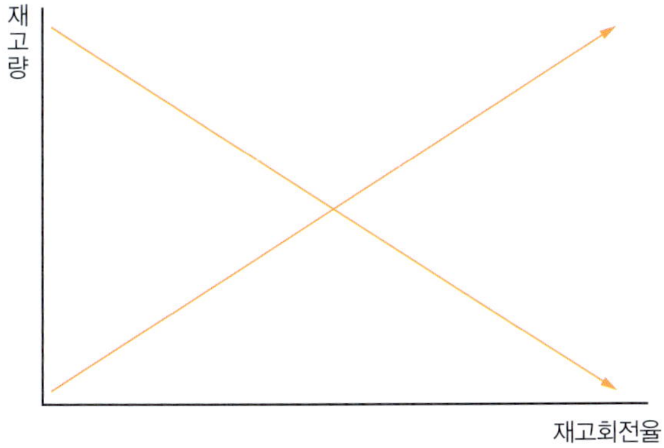

그림 9-4 재고회전율과 재고량의 관계

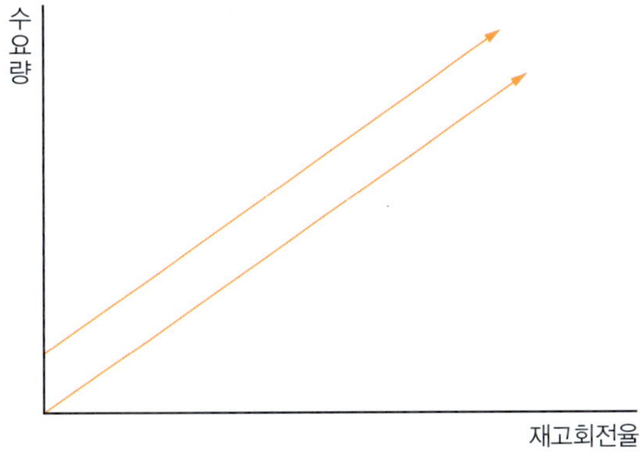

그림 9-5 재고회전율과 수요량의 관계

4) 재고회전율의 계산

재고회전율의 계산과 관련된 기본 용어로는 전월재고(=이월재고·초기재고·기초재고·월초재고), 당월구매(=금월입고·당월입고·당기구매), 당월재고(=기말재고·월말재고·금월재고·마감재고)가 있다. 재고회전율 관련 계산식은 다음과 같다.

- $\text{재고회전율} = \dfrac{\text{총매출원가(식품비)}}{\text{평균재고액}}$
- $\text{평균재고액} = \dfrac{\text{월초 재고액} + \text{월말 재고액}}{2}$

CHAPTER

10

구매정보시스템

1. 전자상거래의 개념을 이해한다.
2. 전자상거래의 유형과 특징을 이해한다.
3. 전자식 경매의 개념과 특징을 이해한다.
4. 구매관리의 전산화시스템을 이해하고 활용한다.

1. 전자상거래시스템

1) 전자상거래의 개념

전자상거래란 컴퓨터 네트워크나 인터넷의 정보처리시스템을 이용한 전자문서에 의해 재화나 용역의 거래에서 그 전부 또는 일부가 처리되는 형식을 의미하며, 이러한 개념에는 다음과 같은 구성요소가 포함된다.

① 컴퓨터 등의 정보처리시스템을 이용한 전자문서에 의해 이루어지는 거래
② 재화나 용역의 소유권이나 사용권의 이전 및 기타 이에 부수되는 거래
③ 거래의 전부 또는 일부가 전자문서에 의해 이루어지는 거래

일반적으로 전자상거래에 대한 정의는 넓은 의미로는 전자적인 매체를 활용하여 판매자와 구매자 간에 거래되는 제반업무 전체를 통칭한다고 할 수 있다. 좁은 의미로는 소비자와 기업 간에 거래가 이루어지는 인터넷 쇼핑몰을 지칭한다.

2) 전자상거래의 유형

(1) 기업 간 전자상거래business to business, B to B

기업과 기업 사이에 일어날 수 있는 다양한 거래의 문서나 정보를 인터넷으로 주고받는 유형이다. 기업 간에 주문서와 송장 등을 작성하고 이를 근거로 이루어진 거래에 대해 대금을 지불하는 방식이며, 제조 분야에서 널리 활용되고 있다.

(2) 기업과 소비자 간 전자상거래business to consumer, B to C

전자소매업이라고 불리며 쇼핑몰과 같은 유형으로, 기업이 인터넷상에 전자상점을 개설하여 소비자에게 상품이나 서비스를 판매하는 형식이다. 기업과 고객 간에 거래관계가 형성되며, 공급주체는 기업이 된다. 인터넷의 보급과 더불어 급속도로 성장하고 있다.

(3) 기업과 정부 간 전자상거래business to government, B to G

공공물자의 조달과 같은 기업과 정부 간의 거래가 인터넷을 통해 이루어지는 유형이다. 조달청에서 조달물자의 입찰과 계약정보를 인터넷에 공시하거나 정부가 발주하여 투명성이 보장된다는 장점이 있다.

(4) 소비자 간 전자상거래consumer to consumer, C to C

개인과 개인 간에 이루어지는 일대일 거래로, 중간매개체 역할을 하는 서버를 통해 상품·서비스·정보 등을 인터넷상에서 주고받는 유형이다. 이 거래에서는 소비자가 공급의 주체인 동시에 수요의 주체가 되며 인터넷은 매개 역할을 한다.

표 10-1 전자상거래의 유형

구분	유형	내용
거래주체에 따른 분류	기업 간 전자상거래	B2B
	기업과 소비자 간 전자상거래	B2C
	기업과 정부 간 전자상거래	B2G
	소비자 간 전자상거래	C2C
거래유형에 따른 분류	인터넷 포털 서비스업	-
	인터넷 콘텐츠 서비스업	-
	인터넷 전자상거래업	-
	인터넷 중개업	-
기술유형에 따른 분류	전자문서교환방식electronic data interchange, EDI의 전자상거래	폐쇄형 전자상거래
	인터넷 전자상거래	개방형 전자상거래
전자상거래의 흐름	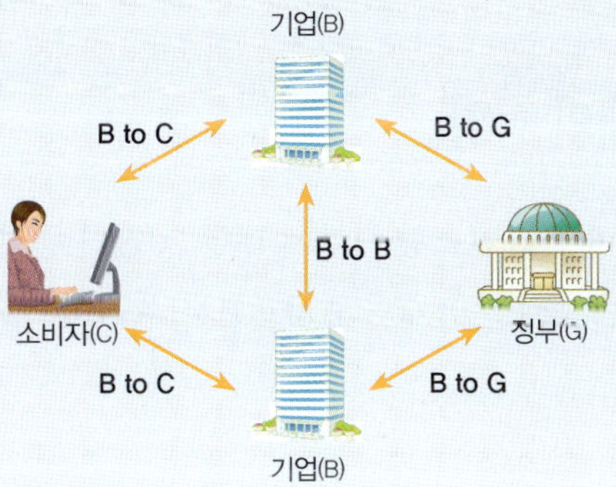	

(5) 새로운 형태의 전자상거래 유형

TV를 이용한 전자상거래(TV 홈쇼핑), 영상을 통한 화상 쇼핑몰, 무선단말기(스마트폰·태블릿 등)를 이용한 전자상거래가 있다.

3) 전자상거래의 특징

전자상거래는 네트워크상에서 상업적인 활동을 하는 기능이 있으며, 전통적인 상거래 방식과 많은 차이가 있다 표 10-2.

표 10-2 전자상거래와 전통적 상거래의 비교

구분	전자상거래	전통적 상거래
유통채널	기업 ⇔ 소비자	기업 ⇔ 도매상 ⇔ 소매상 ⇔ 소비자
거래대상	지역 전 세계global marketing	제한적인 일부 지역closed clubs
거래시간	24시간	제한된 영업시간
고객수요 파악	재입력이 필요 없는 디지털 데이터를 통해 온라인에서 수시로 파악	영업사원이 파악
마케팅활동	쌍방향 통신을 통한 일대일 인터랙티브 마케팅interactive marketing	구매자의 의사와 상관없는 일방적인 마케팅
고객대응	고객의 욕구needs를 신속히 포착하여 즉시 대응	고객의 욕구 포착이 어려워 대응 지연
판매거점	사이버공간	실제 판매공간 필요
소요자본	인터넷 서버 구입, 홈페이지 구축 등에 최소의 비용 소요	토지, 건물 등의 구입에 거액의 자금 소요

4) 전자상거래의 현황

2019년 상품군별 온라인쇼핑 현황에 대한 2019년 통계청 자료에 따르면, 식품(24.9%), 음식서비스(85.5%) 등에서 증가세를 보였음을 알 수 있다 표 10-3.

표 10-3 상품군별 온라인쇼핑 거래액

(단위 : 억 원, %)

구분	2018년		2019년		전월대비		전년동월대비	
	연간	6월	5월p	6월p	증감액	증감률	증감액	증감률
합계	1,137,297	90,126	112,446	105,682	-6,764	-6.0	15,555	17.3
가전	169,807	13,399	17,682	16,037	-1,645	-9.3	2,638	19.7
• 컴퓨터 및 주변기기	53,895	3,820	4,506	3,983	-523	-11.6	163	4.3
• 가전·전자·통신기기	115,912	9,580	13,176	12,054	-1,122	-8.5	2,474	25.8
도서	26,521	1,793	2,073	1,878	-194	-9.4	86	4.8
• 서적	18,211	1,203	1,359	1,246	-114	-8.4	43	3.6
• 사무·문구	8,309	590	714	633	-81	-11.3	43	7.2
패션	370,405	20,879	36,738	33,337	-3,401	-9.3	3,458	11.6
• 의복	138,991	10,804	12,915	11,282	-1,633	-12.6	478	4.4
• 신발	18,932	1,638	1,920	1,799	-121	-6.3	161	9.9
• 가방	22,397	1,776	2,203	2,058	-145	-6.6	282	15.9
• 패션용품 및 액세서리	23,669	1,922	2,350	2,161	-189	-8.1	238	12.4
• 스포츠·레저용품	37,985	3,306	4,067	3,619	-448	-11.0	313	9.5
• 화장품	98,404	7,718	9,853	9,410	-443	-4.5	1,692	21.9
• 아동·유아용품	36,107	2,715	3,431	3,009	-422	-12.3	294	10.8
식품	134,813	10,306	13,642	12,877	-765	-5.6	2,570	24.9
• 음·식료품	105,327	8,157	10,952	10,317	-636	-5.8	2,160	26.5
• 농축수산물	29,486	2,150	2,689	2,560	-129	-4.8	410	19.1
생활	137,990	10,971	12,987	12,275	-711	-5.5	1,304	11.9
• 생활용품	87,742	6,930	8,337	7,858	-479	-5.7	928	13.4
• 자동차용품	10,310	839	1,060	991	-69	-6.5	152	18.1
• 가구	31,335	2,434	2,794	2,627	-166	-6.0	194	0.0
• 애완용품	8,602	768	795	798	3	0.4	31	4.0
서비스	203,666	21,828	26,863	27,235	372	1.4	5,407	24.8
• 여행 및 교통서비스	161,599	13,891	14,308	14,282	-26	-0.2	391	2.8
• 문화 및 레저서비스	19,955	1,576	1,658	2,015	357	21.5	439	27.9
• e쿠폰서비스	21,087	1,657	2,718	2,565	-153	-5.6	908	54.8
• 음식서비스	52,731	4,139	7,457	7,679	222	3.0	3,541	85.5
• 기타서비스	8,294	565	722	694	-28	-3.9	129	22.8
기타	28,017	1,951	2,462	2,043	-419	-17.0	92	4.7

출처 : 통계청, 2019

표 10-4 지자체 온라인쇼핑몰 구축 현황

지자체명	쇼핑몰
서울, 광주, 대전, 울산	-
대구	www.daegujangter.com
부산	b1mall.com
세종	www.yfarm.co.kr
인천	www.ghmart.com
강원도	www.gwmart.kr를 포함한 11개 사이트
경기도	www.kgfarm.co.kr를 포함한 12개 사이트
경상남도	www.egnmall.net를 포함한 16개 사이트
경상북도	www.cyso.co.kr를 포함한 22개 사이트
전라남도	www.jnmall.kr를 포함한 17개 사이트
전라북도	www.jbplaza.com를 포함한 8개 사이트
제주도	mall.ejeju.net
충청남도	www.nongsarang.co.kr를 포함한 14개 사이트
충청북도	ecjmall.net를 포함한 7개 사이트

출처: 김세훈 외, 2015

2. 전자경매

1) 전자경매의 개념

응찰부터 낙찰 및 기록까지의 전 경매과정을 전자화 및 자동화하여 진행하는 형식을 전자경매라고 한다.

① 현재의 수지식 경매과정을 무선응찰기를 사용하여 전산으로 자동화한 경매이다.

② 고정식과 이동식, 유선식과 무선식 등 다양한 형태로 구현이 가능하다.

③ 정부에서 확대 추진하고자 하는 전자경매는 무선응찰기와 이동식 경매대를 사용하는 방식이다.

2) 전자경매의 특징

수지식과 전자식 경매의 장단점은 표 10-5와 같다.

표 10-5 수지식과 전자식 경매의 장단점

구분	수지식	전자식
장점	• 별도의 비용이 필요 없다. • 경매에 흥이 있고 활기차다. • 기존 중도매인은 별도의 적응과정이 필요없다.	• 경매에 대한 불신을 해소한다. • 업무가 신속하고 간소하다. • 안목경매가 가능하다. • 유통 종사자 등에 대한 서비스가 향상된다. • 기존 중도매인은 별도의 적응과정이 필요없다.
단점	• 경매과정에 담합 등 불신이 상존한다. • 업무과정이 복잡하고 후진적이다. • 눈치경매를 조장한다. • 경매 참가에 애로사항이 있다. • 신속한 정보 전파가 어렵다.	• 설치비 등 과다한 투자비용이 필요하다. • 유지보수비용이 발생한다. • 노령의 중도매인은 적응하기가 어렵다.

3) 전자경매의 절차 운영상의 차이

수지식과 전자식 경매의 절차 운영상의 차이는 표 10-6과 같다.

표 10-6 수지식과 전자식 경매의 절차 운영상의 차이

구분	수지식	전자식
경매절차	반입량을 확인하고 경매에 참여하면서 원표를 작성한 후 자료를 입력하여 정산서 발급	반입량을 확인하고 자료를 입력한 후 경매에 참여하면 자동으로 정산서 발급
경매 소요인력	3명	2명
낙찰자 결정	최고 가격 제시자 ※ 경매사의 실수(또는 고의)로 최고 가격 제시자에게 낙찰되지 않는 경우가 있다.	최고 가격 제시자 ※ 최고 가격 제시자에게 낙찰되지 않는 경우는 없다.
경매 소요시간	건당 약 22초	건당 약 14초(단축 가능)
정보분산체계	경매 완료 후 정산서가 작성되어 집계되어야 정보 제공 가능	경매 완료 후 즉시 실시간 경락정보 분산 가능

4) 전자경매의 흐름도

전자경매의 절차는 그림 10-1과 같다.

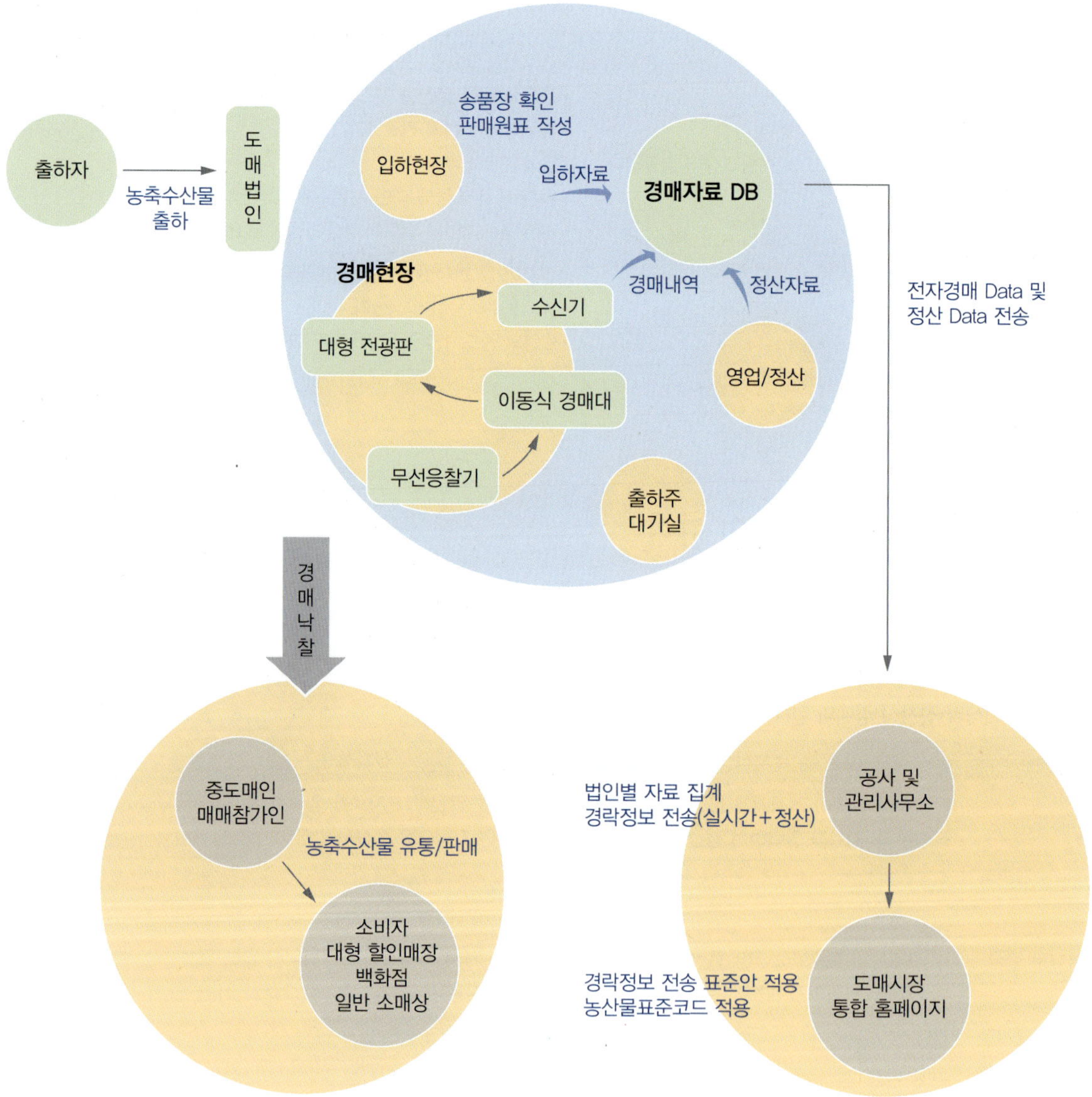

그림 10-1 전자경매의 흐름도

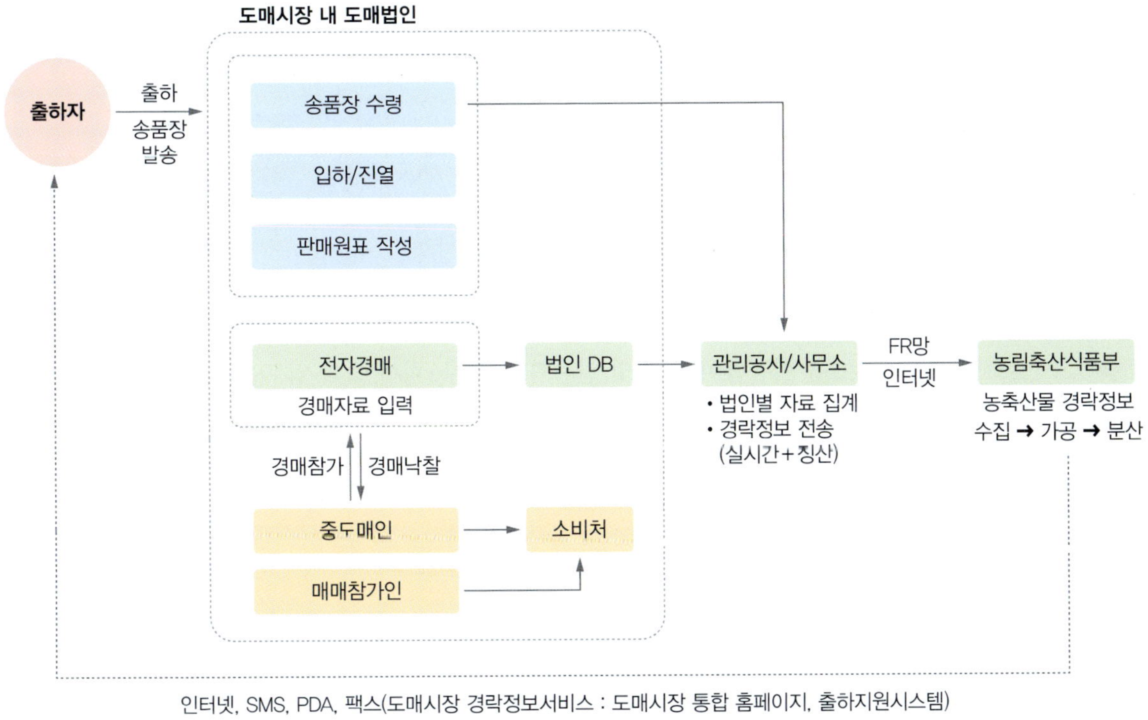

그림 10-2 농축수산물 경락정보의 흐름도

3. 구매관리의 전산화시스템

구매관리의 전산화시스템은 단체급식업체의 관리자와 식품 유통업체가 수작업으로 했던 수주·발주, 메뉴관리, 식단관리, 매출관리, 원가관리, 마감업무 등을 실시간으로 인터넷 환경에서 관리할 수 있는 급식 운영 전문시스템으로서 모든 일처리를 전산화하여 업무 능력과 효율성을 획기적으로 개선할 수 있다.

전산화시스템은 고객군별 표준메뉴와 사업장의 메뉴를 관리하기가 용이하며, 식단을 작성하는 시간이 단축되어 업무효율을 향상시키는 장점이 있다. 식단 등록 시 식재료 시뮬레이션 시현, 사전·사후 식재료비 관리, 사업장별 재고(수불)관리, 단위업무 일괄처리(발주·매입·매출·마감)에 의한 일단위 마감, 학교급식 교육청 표준장표 및 대내외 보고용 자료 작성, 근태정보관리 등에도 편리하게 활용할 수 있다.

1) 학교급식 전자조달시스템

(1) 교육행정정보시스템NEIS

현재 국내 각 학교에서는 교육행정정보시스템인 나이스national education information system, NEIS를 이용하여 회계 및 인사관리, 교무·학사 등의 업무를 처리하고 있다. 학교급식의 전반적인 관리와 통계처리도 이와 같은 업무범위에 포함되며, 급식시스템은 나이스의 타 시스템과 연계되어 필요한 정보를 가져올 수 있다. 대표적인 예로 학교회계시스템에서 사업자정보를, 인사시스템에서는 급식인력정보를, 교무업무시스템에서는 학교 및 학생 정보 등을 활용할 수 있다.

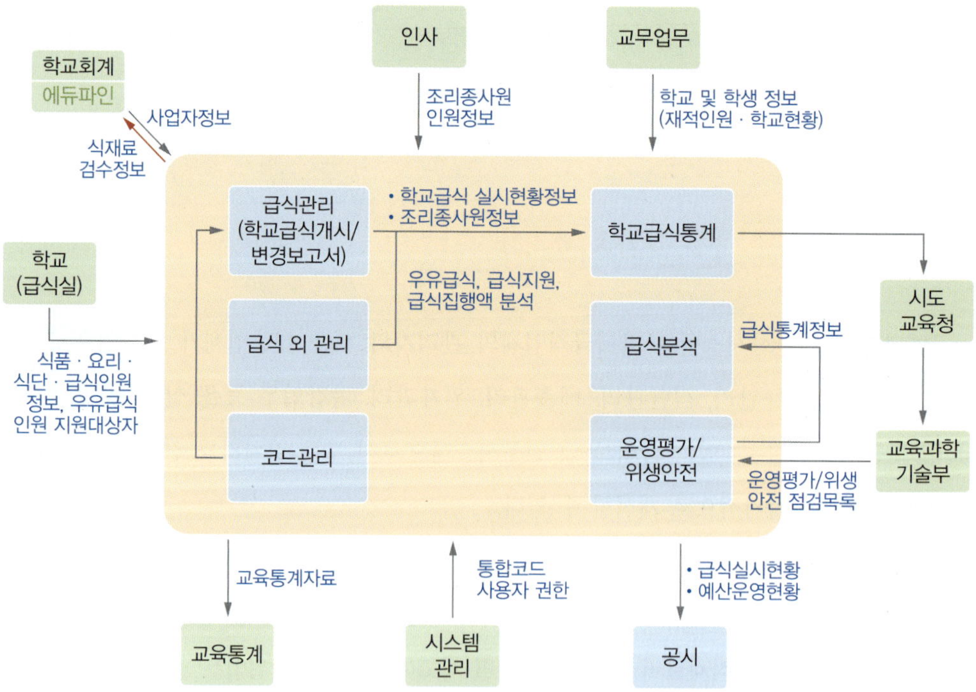

그림 10-3 급식시스템과 NEIS의 타 시스템 간 연계

그림 10-4 학교급식시스템

(2) NEIS 학교급식시스템의 급식관리체계

① 학교 기본정보 등록

학교 기본정보 등록은 학교의 기본적인 급식현황을 관리하기 위한 기능으로 여기에 학교의 정보를 입력하며, 이 항목의 자료는 학교급식 개시보고서와 운영평가 및 위생안전점검의 학교 기본정보와 연동되므로 급식 유형, 형태, 급식비 등 모든 정보를 정확하게 입력해야 한다. 매 학년도가 시작될 때마다 1인 1식 급식비 단가와 급식 시작기준일을 수정해야 하며, 이때 일자는 매년 3월 1일로 작성하는 것이 좋다.

② 요리관리(1인 레시피 관리)

요리관리의 등록에서 직접 요리를 등록한다. 요리 복사기능이 있어 등록한 요리를 복사한 후 수정하여 다른 요리로 변경할 수 있다.

③ 식단관리

급식일자와 식사 구분에서 조식, 중식, 석식 중 하나를 선택한 후 '요리 추가' 버튼을 눌러 원하는 요리를 입력한 다음 '식단 저장'을 클릭하여 식단을 생성한다. 원산지표시제 시행에 따라 일일 식단별로 사용될 식재료의 원산지 정보를 등록해야 하며, 등록된 정보는 학교급식 나이스와 나이스 학부모서비스를 통해 출력이 가능하다.

2012년부터 메뉴명에 분홍색으로 알레르기에 대한 정보를 제공하고 있다.

④ 식재료품의 처리

식재료 구매관리에는 식재료품의 처리, 식재료 발주서 출력, 식재료검수서 출력, 식재료 검수처리의 기능이 있다. 식재료품의 처리는 이미 식단 작성이 완료된 모든 식품의 목록과 소요량을 보여 준다. 따라서 구매하고자 하는 식품만 지정하여 품의 처리하거나 수량·단가·납품업체명의 수정이 가능하며, 행을 추가하여 추가식품으로 처리할 수 있다.

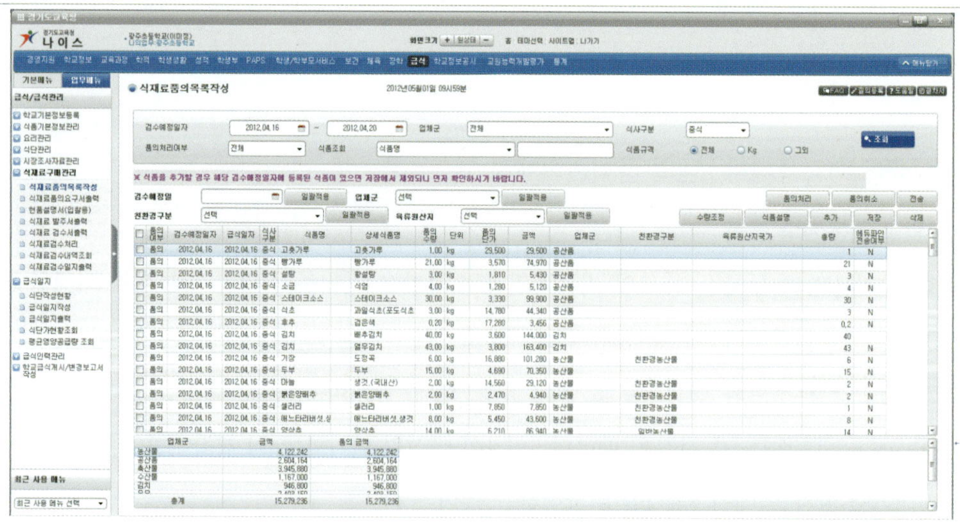

⑤ 식재료 발주서 출력

발주서를 업체별로 출력하여 업체에 전달할 수 있는 기능이다. 업체명을 입력하여 조회하며, 엑셀로 내려받아 전자메일로 발주할 수 있다.

⑥ 식재료 검수서 출력

발주된 물건이 들어올 때 식품에 대한 검수를 시작한다. 식품별로 수량, 단가, 포장상태, 온도 등 해당 사항을 검수하고 검수일지를 출력하여 사용한다.

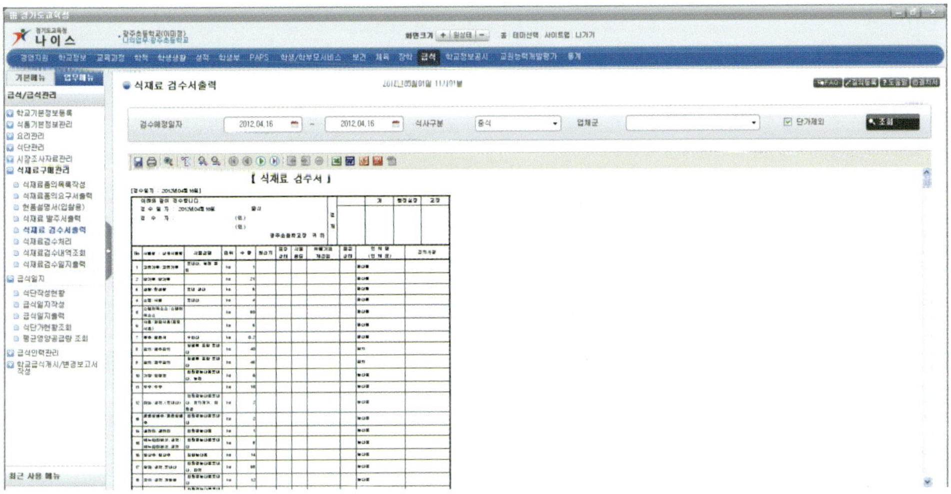

⑦ 급식일지

식단을 작성하고 식재료 품의와 검수가 끝나면 급식일지를 작성한다. 기본적으로 식단 작성이 완료되면 급식일지도 작성할 수 있는 형태로 자동 생성되므로 특별한 수정사항이 없을 경우에는 '급식일지 작성' 버튼만 클릭하면 된다.

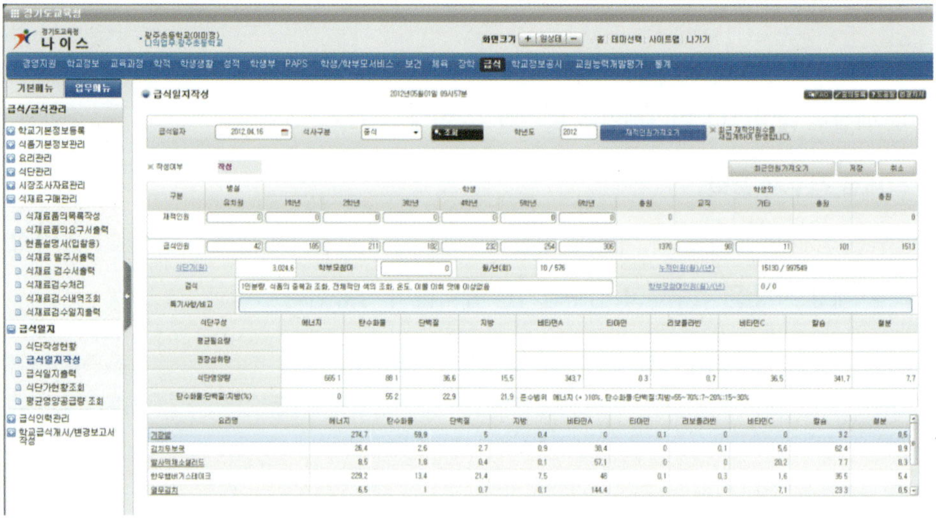

(3) eaT system

학교급식 식재료 구매의 투명성, 공정성, 효율성을 달성하기 위해 제3자적 입장으로 농수산물 전자상거래를 전담하는 한국농수산식품유통공사 사이버거래소가 식재료 전자조달시스템을 운영하기 위해 도입하였다.

① 학교급식의 식재료 조달체계에 전자조달시스템 도입

기존의 오프라인 입찰 또는 수의계약방식을 온라인 식재료 전용 전자조달시스템으로 변경하였다. 구매투명성과 식품전문성 확보를 위해 공공기관인 한국농수산식품유통공사 사이버거래소의 전자조달시스템을 사용한다.

② 사이버거래소의 역할

NEIS 급식시스템과 연계하여 업체 선정 및 품목의 발주기능에 관련된 조달시스템을 운영하며, 식재료 전자 카탈로그 및 회원관리 시스템 등 관련 인프라를 제공한다.

③ 시스템의 개요

학교의 식재료 공급업체 선정 및 계약을 위해 한국농수산식품유통공사가 운영하는 학교급식 식재료 전문조달시스템이다.

표 10-7 eaT system의 특징

구분	특징
식재료 전자카탈로그시스템	• 16개 시도 교육청의 품목정보를 거래소 카탈로그와 연동 • 기본적인 품목정보 외에 가격, 원산지, 규격, GAP 정보 수록 • 지역별, 학교별, 업체별 유통정보 및 영양가정보 산출 가능
식재료 공급업체 전용회원관리시스템	• 학교별로 동일업체가 중복하여 수행하던 서류와 현장심사를 전문인력이 통합하여 실시하고 해당 서류와 사진을 전자문서화 • 공급업체의 사후관리시스템 별도 운영으로 지속적 품질관리 유도
유통정보시스템 (시장가격조사시스템)	• 학교별 영양사가 식재료 구매 예정가격 산정을 위해 조사하던 시장가격조사를 광역 단위로 유통공사에서 일괄 조사하여 NEIS에 제공 • 식재료 공급업체 계약가격도 참조가격으로 함께 제공
수요처/품목별 공동구매	• 대규모 학교와 소규모 학교 간의 공동구매로 비용 절감 • 물류 등의 이유로 납품이 기피되던 소규모 학교에 급식업체 선정의 폭을 넓혀 주는 효과 기대
학교급식지원센터 모델 적용	• 지자체별 학교급식 지원을 위한 지원센터에 맞춰 학교와 수주, 발주, 정산을 전산으로 연계하여 운영

그림 10-5 학교급식 식재료 전자조달시스템

사례

스마트워크 시스템

정보통신기술(ICT)을 활용하여 근무하는 방식으로 사용자 중심 관점에서 공간(Space)의 유연성(Flexibility)과 시간(Time)의 유연성(Flexibility)을 높이는 스마트워크 유형은 다음과 같다.

스마트워크 공간적, 시간적 개념의 유형

구분		유형	내용
유연근무제	공간(Space)	재택근무제	근로자가 정보통신기기 등을 활용하여 사업장이 아닌 주거지에 업무공간을 마련하여 근무하는 제도
		원격근무제	1. 주거지, 출장지 등과 인접한 원격근무용 사무실에서 근무하는 제도 2. 사무실이 아닌 장소에서 모바일 기기를 이용하여 근무하는 제도
		모바일오피스	이동 또는 현장에서 모바일 단말기를 활용하여 공간 제약없이 통신망으로 접속하여 업무를 수행하는 근무제도
		스마트워크센터	사용자가 자신의 원래 근무지가 아닌 주거지와 가까운 지역에서 근무할 수 있도록 환경을 제공하는 원격근무용 업무공간의 제도
		스마트오피스	도심에 있는 사무실로 출퇴근하는 대신 원격 근무가 가능하도록 주거지 인근에 마련한 IT기반 사무실
		사업장 밖 간주 근로시간제 (근로기준법 제58조 제1,2항)	출장 등 사유로 근로시간의 전부 또는 일부를 사업장 밖에서 근로하여 근로 시간을 산정하기 어려운 경우에 소정 근로시간 또는 업무수행에 통상 필요한 시간을 근로한 것으로 인정하는 근무제도
	시간(Time)	탄력적근로시간제 (근로기준법 제51조)	일이 많은 주(일)의 근로기간을 늘리는 대신 다른 주(일)의 근로시간을 줄여 평균적으로 법정근로시간(주40시간)내로 근로시간을 맞추는 근무제도
		선택적근로시간제 (근로기준법 제52조)	일정기간(1월이내)의 단위로 정해진 총 근로시간 범위 내에서 업무의 시작 및 종료시각, 1일의 근로시간을 근로자가 자율적으로 결정할 수 있는 제도
		보상휴가제 (근로기준법 제57조)	근로자대표와 서면합의를 통해 연장·야간·휴일근로에 대하여 임금을 지급하는 대신 유급휴가로 부여하는 제도
		재량근무제 (근로기준법 제58조 제3항)	근로시간 배분과 업무수행방법을 근로자의 재량에 맡기고 사용자와 근로자간 협의한 시간을 근무하는 것으로 인정하는 제도

자료: 유연근로시간제 가이드 2018, 참조

출처: 최슬기 외, 2019

2) 식재료 납품 전문업체 전자조달시스템의 예

(1) 푸드머스Foodmerce

푸드머스는 식재료 유통분야에서 효용성, 신속성, 정확성을 갖춘 전산시스템이다. 식재료 유통 관련 IT 전문가가 운영하여 고품질의 서비스가 제공된다.

① ERSEfficient Response for Supply-Chain

푸드머스와 거래하는 고객이 사용하는 시스템으로 수주·발주 관리, 마감관리 등의 업무를 일괄적으로 처리할 수 있다. 주로 단체급식 사업장, 유통업체, 프랜차이즈업체가 사용하는 시스템이다.

ERS의 장점은 본점과 지점(프랜차이즈의 본부와 가맹점)을 관리할 수 있으며 단가관리, 수주, 발주, 배송, 마감정보의 일괄 처리 및 시스템을 이용한 업무 표준화로 인적자원 변동에 대한 효율적인 대응이 가능하다는 것이다. 고객 내부 적송률(마진율) 관리 및 주 사용품목 지정, 사용품목 조회 등의 다양한 발주 지원기능도 있으며 발주시간을 단축시키고 발주 오류를 감소시킨다.

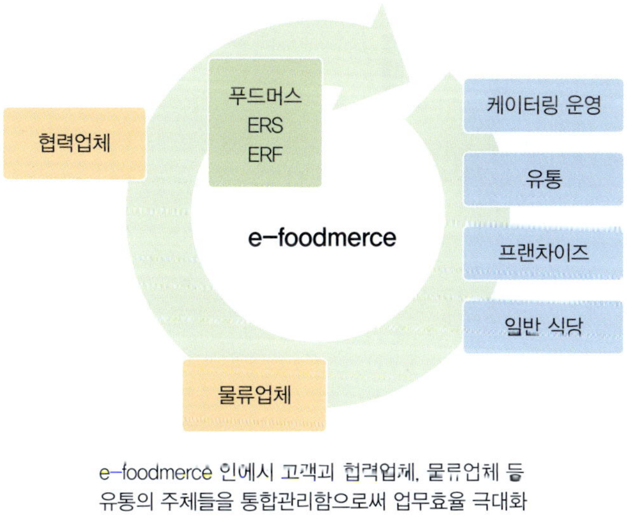

그림 10-6 푸드머스 전산시스템의 개요

그림 10-7 ERS 활용의 예

② ERF Efficient Response for Food-service

케이터링업체가 사용하는 시스템으로 단체급식업체의 본사와 영양사가 수작업으로 했던 수주·발주, 메뉴관리, 식단관리, 학교급식관리, 매출관리, 원가관리, 마감업무 등을 실시간으로 인터넷 환경에서 관리할 수 있는 급식 운영 전문시스템이다. ERF를 활용하면 영양사의 모든 업무를 전산화하여 업무능력을 제고하고 효율성을 높일 수 있다. 표준화된 메뉴, 통합식단관리, 식재료·메뉴의 규제관리, 사업장 운영현황의 실시간 취합·분석, 사업장 운영손익 그래프, HACCP(식품위해요소중점관리기준)의 적용에도 효과적이다.

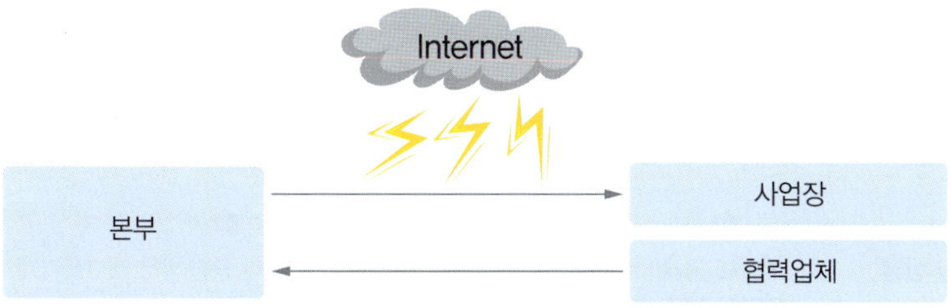

그림 10-8 ERF의 고객지원시스템

③ ERR Efficient Response for Restaurant

구매대행시스템으로 프랜차이즈업체 및 일반 식당 고객이 사용하며 단가관리, 발주관리, 물류관리, 마감관리를 지원한다.

(2) 푸디스트 Food1st

푸디스트의 구매정보시스템은 다양한 고객서비스 지원을 통해 행정업무를 간소화하였으며, 메뉴·위생·조리와 관련된 프로그램을 활용할 수 있는 주문전산시스템을 제공하고 있다.

그림 10-9 푸디스트의 상품발주 전산시스템

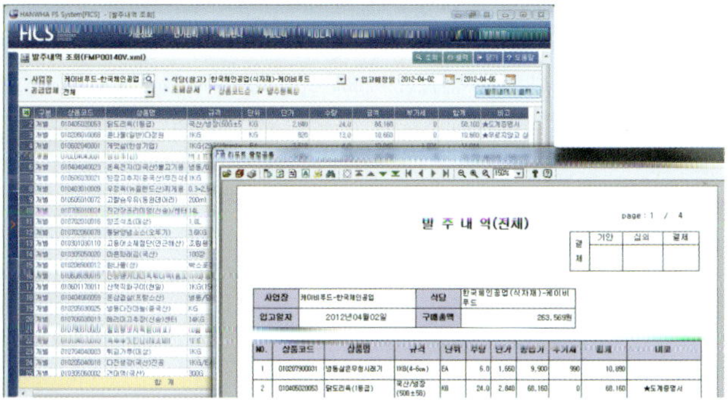

그림 10-10 푸디스트의 발주내역 조회

고객 편의성 중심의 전산시스템

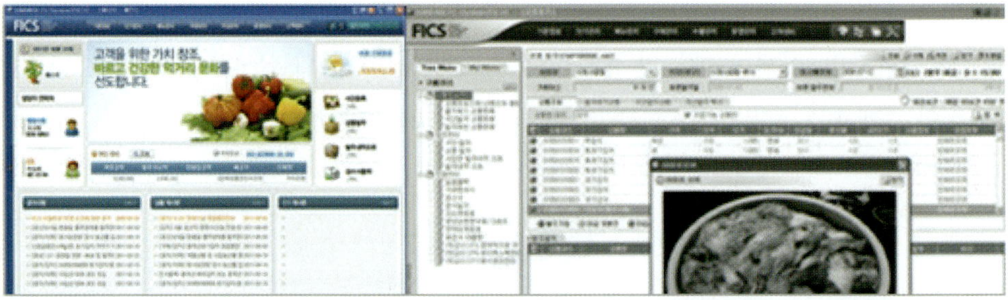

식자재 공급절차

❶	❷	❸	❹	❺
식자재 공급 상담	**식자재 공급 제안서 제출**	**납품**	**식자재 공급계약 체결**	**식자재 공급 준비 및 배송일정 수립**
고객의 편의를 위한 현장방문 상담	고객 운영에 맞는 맞춤형 공급 제안	사전검수시스템의 가동으로 적시적기에 식자재 조달		고객과의 사전 협의로 물류배송경로 확정

그림 10-11 푸디스트 식자재 유통사업의 개요

최신 IT기술을 활용한 WMS, TMS, CVO 시스템을 구축하여 주문부터 사업장 배송까지 전 단계에 걸쳐 안전과 위생관리 및 정확성을 실현하고 있다.

WMS(warehouse management system)
창고 내에서 이루어지는 모든 업무(입고 · 출고 · 이동 등)를 신속하고 정확하게 실시간으로 관리하는 시스템

TMS(transportation management system)
화물 운송 시 수반되는 자료와 정보를 신속하게 수집하여 이를 효율적으로 관리하는 시스템

CVO(commercial vehicle operation)
화물 및 차량관리를 통해 효율적인 배송계획을 수립할 수 있으며, 차량의 실시간 위치 관제와 배송상태의 확인이 가능하여 도착시간과 기타 정보 검색 등 고객의 needs에 부응하고 이를 지원하는 시스템

❶	❷	❸	❹	❺	❻
재고와 출하작업의 정확도 향상	전산화된 유통기한의 관리로 식자재 안전성 확보	재고관리 작업생산성 증대	시스템에 의한 안전재고관리로 비용 절감	효율적인 배차계획 수립으로 운송비 절감	식정시 도착률 향상 및 고객서비스 데이터관리

그림 10-12 푸디스트 물류시스템의 기대효과

4. POS 시스템

POS 시스템point of sales system이란 판매시점정보관리시스템을 말한다. POS 시스템은 컴퓨터와 회계기accounting machine로부터 과세·영세 적용 확인 및 자동 저장, 주요 품목별 재고 파악, 품목별 매출 상황 파악, 레시피관리 등을 쉽고 편리하게 수행할 수 있으며 식재료 구매의 전 단계를 일괄적으로 처리할 수 있다는 장점이 있다.

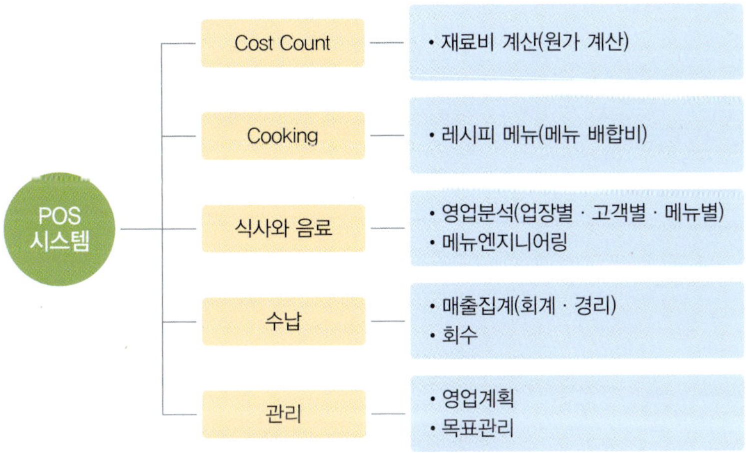

그림 10-13 POS 시스템의 흐름도
출처 : 홍기운 외, 2003 재인용

CHAPTER

11

구매식품의 분류와 특징

1. 주요 구매식품을 분류하고 각각의 특징을 이해한다.
2. 주요 구매식품의 국산과 외국산을 구별한다.
3. 육류의 부위별 특징과 용도를 이해한다.
4. 육류의 품질 판정기준을 이해한다.

1. 곡류

곡류는 세계 모든 민족의 주식으로 우리나라에서는 쌀, 보리, 밀, 호밀, 귀리, 조, 수수, 옥수수, 메밀 등으로 구분한다.

1) 쌀

벼*Oryza sativa* L.는 화본과 벼속에 속하는 식물로서 왕겨를 벗긴 낟알이 쌀이다. 쌀은 밀, 옥수수와 더불어 세계 3대 곡물로서 전 세계 인구의 과반수 이상이 주식으로 이용하는 가장 중요한 농산물이다.

쌀은 형태에 따라 인디카형Indica type과 자포니카형Japonica type으로 나눈다. 인디카형은 열대 또는 아열대 지방에서 많이 재배되는데, 쌀알의 길이가 길고 탈곡이 쉽다. 자포니카형은 쌀알이 짧고 동글동글하며 온대 또는 열대와 아열대의 산악 지대에서 재배된다. 우리나라에서 재배하는 쌀은 주로 자포니카형이다.

쌀알의 모양은 쌀알의 길이를 너비로 나눈 장폭비長幅比로 표현한다. 자포니카형은 대부분 길이가 짧은 쌀(단립종shot grain)과 중간 길이의 쌀(중립종medium grain)인 데 비해 인디카형은 주로 기다란 쌀(장립종long grain)이다. 쌀알은 전분의 구성성분에 따라 크게 멥쌀과 찹쌀로 나눈다. 멥쌀은 아밀로오스amylose와 아밀로펙틴amylopectin의 비율이 약 20 : 80으로 찹쌀에 비해 밥을 지었을 때 끈기가 적고 단단하다. 밥의 끈기와 단단한 정도는 아밀로오스 함량에 따라 달라진다. 찹쌀은 전분입자 대부분이 아밀로펙틴만으로 구성되어 밥을 지으면 무르고 차지다.

현미는 탈곡에 의해 왕겨만을 제거한 것으로 쌀겨(과피·종피·호분층), 배아, 배유를 함유하고 있다. 겨층은 섬유질이 많고 조직이 견고하여 소화율도 떨어지고 조리하기가 어렵다. 이 겨층과 배아를 도정하는 정도에 따라 5분도미, 7분도미, 백미로 구분한다. 배유는 쌀의 가식부위로 약 92%를 차지하며 주로 전분으로 구성되어 있다.

그 밖의 쌀의 종류로는 유색미, 배아미, 발아미, 강화미, 기능성 쌀(버섯쌀·코팅미 등), 청결미 등이 있으며 쌀의 새로운 가치 창출을 위한 다양한 품질 연구는 계속되고 있다.

표 11-1 인디카형과 자포니카형 쌀의 특징

구분	인디카형	자포니카형
형태	쌀알이 길고 쉽게 부스러진다.	쌀알이 둥글고 굵으며 단단하다.
점성	세포막이 두꺼워 잘 파괴되지 않아 전분립이 세포막 내에서 호화되어 점성이 약하다.	세포막이 얇아 쉽게 파괴되어 전분립이 세포 외부로 방출되어 호화되므로 점성이 강하다.
아밀로오스 함량	27~31%	17~27%
호화온도	70~75℃	65~67℃
관능적 특성	가열로 인한 흡수율과 팽창용적률이 높아윤기가 없고 부슬거리며 맛이 떨어진다.	가열로 인한 흡수율과 팽창용적률이 낮아 윤기가 나고 차지며 맛이 좋다.

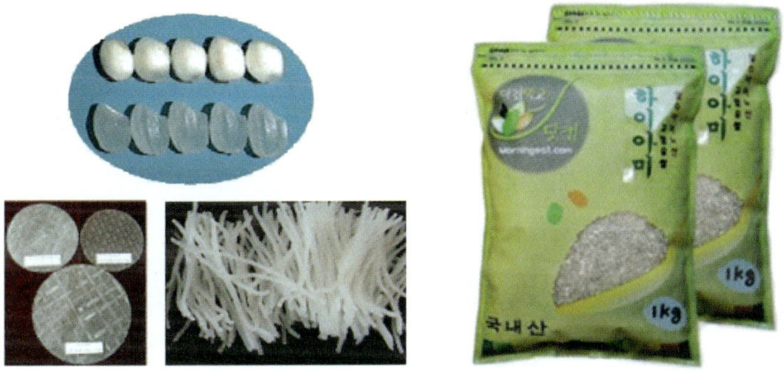

• 다이어트용 쌀 '고아미 2호'(위)
• 고아미를 이용한 쌀쌈과 쌀국수

머리가 좋아지는 쌀 '하이아미'

그림 11-1 다양한 기능성 쌀

출처: 농촌진흥청

2) 보리

보리*Hordeum vulgare* L.(대맥)는 세계적으로 쌀, 밀, 옥수수 다음으로 많이 생산되는 곡류이다. 세계에서 가장 오래된 작물 중의 하나로 원산지는 중앙아시아 지역으로 알려져 있다.

보리의 종류는 껍질이 종실에 밀착되어 분리되지 않는 겉보리(피맥)와 껍질이 종실에서 잘 분리되는 쌀보리(나맥)로 나눈다. 재배종 보리는 작물학적으로 보리알이 배열된 열수에 따라 두줄보리와 여섯줄보리로 구분한다. 파종시기에 따라서는 가을에 파종하여 이듬해 수확하는 가을보리와 늦은 봄에 파종해서 수확하는 봄보리, 그리고 어느 계절에 파종해도 수확할 수 있는 양절형 보리가 있다.

보리는 도정해도 쌀같이 속겨층이 완전히 제거되지 않고 중앙에 깊은 홈이 파여 있으며 그곳에 섬유소가 많아 소화가 느리다. 최근에는 홈을 기준으로 세로로 잘라 다시 도정한 할맥과 고열 증기를 가하여 부드러워진 보리를 기계로 눌러 압맥을 만드는데, 할맥과 압맥은 밥을 지었을 때 모양과 색뿐 아니라 입안에서의 느낌도 쌀과 비슷하고 소화율도 좋다.

겉보리는 주로 보리차·엿기름·미숫가루의 제조에, 쌀보리는 국수·빵 등에 이용된다. 그 외에 맥주·위스키 등의 양조용 그리고 사료용에도 첨가되어 그 쓰임새가 매우 다양하다.

3) 밀

밀*Triticum* spp.은 화본과에 속하는 일년생 곡류로, 한국·일본·중국 등 쌀을 주식으로 하는 나라들을 제외하고는 세계 여러 나라에서 주식으로 먹는 대표적인 곡류이다. 다른 곡류와 마찬가지로 밀 입자 역시 외피, 배아, 배유의 세 부분으로 구성되어 있다. 밀은 겨층이 7.8~8.6%, 배아가 약 2.8~3.5%, 배유는 약 87~89%를 차지하며, 배유 부분이 물러 입자를 형성할 수 없으므로 일반적으로 배유 부분을 제분하여 밀가루로 제조한다.

밀은 파종시기에 따라 겨울밀winter wheat과 봄밀spring wheat로 나누고, 과피의 카로티노이드carotinoid 색소 함량에 따라 붉은 밀brown wheat과 백밀white wheat로 분류된다. 밀알의 단단한 정도에 따라 연질밀soft wheat과 경질밀hard wheat로도 구분된다. 연질밀은 박력분의 원료로 과자, 파이, 케이크를 만들 때 사용되며, 경질밀은 낟알이 단단하고 단백질 함량이 많아 주로 강력분의 원료로 제빵에 많이 쓰인다.

밀가루는 단백질인 글루텐gluten의 함량에 따라 강력분, 중력분, 박력분으로 나눈다. 강력분은 강한 탄성과 점성을 이용한 제품에 사용되고, 중력분은 일반적으로 다목적 밀가루로서 가정에서 많이 쓴다. 글루텐의 함량이 가장 낮은 박력분은 바삭바삭한 질감의 제과·제빵이나 튀김옷 등에 사용된다. 제분과정 중 총밀의 무게에 대한 밀가루 무게의 비를 제분율이라고 한다.

표 11-2 밀가루의 종류와 용도

종류	단백질 함량	원료 밀	특성과 용도
세몰리나	13% 이상	듀럼밀	단백질과 회분 함량이 높고 스파게티, 마카로니 등 파스타용으로 이용한다.
강력분	11% 이상	경질밀	강한 탄력성과 점성으로 물의 흡착력도 강하다. 식빵, 퀵브레드, 페이스트리, 스파게티, 마카로니에 이용한다.
중력분	10%	경질밀과 연질밀 혼합	다목적 밀가루라고도 하며 제면성과 퍼짐성이 좋다. 면류, 빵류, 과자류에 이용한다.
박력분	8~9%	연질밀	글루텐의 탄력성과 점성이 약하고 물의 흡착력도 약하다. 케이크, 카스텔라, 비스킷, 튀김옷 등에 적합하다.

표 11-3 주요 곡류의 국산과 외국산 농산물 식별법

구분	국산 곡류 농산물	외국산 곡류 농산물
쌀	 **원산지 : 국내** • 낟알의 길이가 짧고 폭이 넓다(단립종). • 맑은 백색을 띠며 금이 가거나 부서진 낟알이 적다.	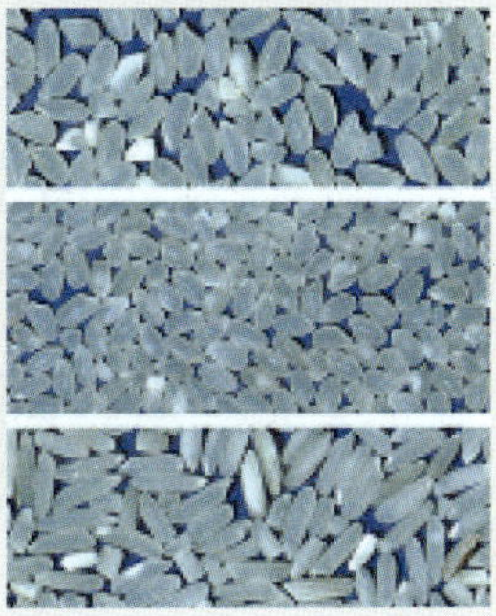 **원산지 : 미국(위)** • 국산과 중국산보다 길이가 길고 폭이 넓다(중립종). **원산지 : 중국(가운데)** • 국산과 비슷하여 외관상 구분이 어렵다. • 백색을 띠며 금이 가거나 부서진 낟알이 국산에 비해 많다. **원산지 : 태국(아래)** • 국산과 미국산에 비해 가늘고 길다(장립종).

(계속)

구분	국산 곡류 농산물	외국산 곡류 농산물
보리	 **원산지 : 국내** • 까락이 많이 붙어 있다. • 껍질에 윤기가 있다. • 껍질이 벗겨진 낟알이 거의 없다. • 골이 얕다. • 보리 이외의 다른 곡식의 낟알이 섞여 있지 않다.	 **원산지 : 미국(위), 중국(아래)** • 까락이 거의 붙어 있지 않다. • 껍질에 윤기가 없다. • 껍질이 벗겨진 낟알이 많다. • 골이 깊다. • 다른 곡식의 낟알이나 잡초종자가 섞여 있다.
밀	 **원산지 : 국내** • 단단한 낟알이 많다. • 다른 곡식의 낟알이나 잡초종자가 거의 섞여 있지 않다. • 부서진 낟알이 거의 섞여 있지 않다. • 골이 선명하다. • 씨눈이 뚜렷하다.	 **원산지 : 미국** • 연한 낟알이 많다. • 다른 곡식의 낟알이나 잡초종자가 많이 섞여 있다. • 부서진 낟알이 섞여 있다. • 골이 희미하다. • 씨눈이 뚜렷하지 않다.

출처: 국립농산물품질관리원

2. 서류

서류는 식물의 뿌리로 분류상 근채류에 속한다. 과거 곡류의 생산량이 부족하던 시절에 구황작물 또는 주식 및 주식 대용품으로 이용되었다. 서류에는 고구마, 감사, 토란, 카사바, 돼지감자, 곤약, 참마 등이 있다.

1) 감자

감자는 전분과 단백질의 함량에 따른 식용가를 기준으로 점질과 분질로 구분한다. 삶았을 때 포실포실하며 파삭한 느낌의 불투명한 것을 분질감자mealy potato, 삶았을 때 차지고 반투명한 것을 점질감자waxy potato로 분류한다. 소금물에 분질감자를 띄우면 비중이 커서 가라앉고, 점질감자는 비중이 낮아 위로 떠오른다. 식용에 적합하다고 평가되는 감자는 표피가 매끄럽고 껍질이 백색 내지 황색이며, 눈이 얕고 살은 백색이며 분질인 것으로서 주종으로는 남작, 수미, 자주 종이 있다.

감자의 씨눈과 껍질은 햇볕을 쪼이면 녹색으로 변하며, 싹이 나온 감자에는 솔라닌solanine이라는 독성 물질이 존재한다. 솔라닌 함량은 감자의 부위에 따라 다른데, 눈 부분에 가장 많고 껍질에도 상당한 양이 포함되어 있다. 육질 부분에는 극소량이 함유되어 있으므로 껍질을 벗기면 약 70%가 제거된다.

2) 고구마

고구마는 찌거나 구웠을 때 수분이 적고 밤과 같은 질감의 분질고구마와 수분이 많고 단맛이 강한 점질고구마로 나눈다. 우리나라에서는 껍질의 색이 적색 계통이고, 크기가 적당히 크고 모양이 고르며, 매끈한 표면에 육질은 분질이고, 단맛이 강한 고구마를 즐겨 먹는다. 이와는 달리 전분 추출용이나 주정용으로는 수확량과 전분 수율이 높고, 전분의 백도와 가루의 점도도 높은 것이 좋다. 호박고구마는 육질이 호박처럼 노란색으로 속노란고구마, 꿀고구마, 당근고구마라고도 부른다.

고구마는 간식이나 주식의 대용으로 많이 먹으며 주정 제조에도 이용한다. 고구마전분, 포도당, 젖산, 구연산 등의 제조 원료로 쓰이며 엿, 제과, 당면, 물엿, 고추장, 어묵, 소시지, 잼 등으로도 이용된다.

알아두기

곤약

토란과의 구근식물로 생것을 썰어 말린 후 분쇄하여 식용곤약의 원료로 사용하며, 다량의 글루코만난 glucomannan을 함유하고 있다. 글루코만난은 물을 잘 흡수하여 팽윤하면서 점성이 있는 콜로이드액이 되는데, 여기에 알칼리성 응고제를 첨가하여 가열한 후 식혀 반투명의 묵이나 국수의 형태로 만든 것이 식용곤약이다.

3. 두류

두류는 콩과에 속하는 작물로, 열매를 맺으면 콩깍지를 형성하면서 그 안에 종자를 만든다. 우리나라에서 생산되는 것에는 콩, 팥, 녹두, 강낭콩, 완두, 땅콩 등이 있다. 두류는 함유된 영양성분에 따라 분류하기도 한다 표 11-4.

표 11-4 영양성분에 따른 두류의 분류

분류	주요 콩의 종류
단백질과 지방 함량이 높은 것	대두, 땅콩
단백질과 전분 함량이 높은 것	팥, 녹두, 완두, 강낭콩, 동부
수분이 많아 채소류의 성질을 지닌 것	풋콩, 풋완두

두류는 생물가가 높은 양질의 단백질과 지방이 풍부하여 유지공업의 주요 원료로 이용될 뿐만 아니라 아미노산 조성이 우수하여 곡류에서 부족하기 쉬운 아미노산인 라이신

lysine을 보충하는 경제적인 단백질원이며, 비타민 B_1과 인·철·칼슘 같은 무기질의 급원식품으로서 식자재로서의 가치가 매우 높다.

1) 대두

대두는 단백질과 지방의 함량이 높은데, 대두단백질은 주로 글로불린globulin에 속하는 글리시닌glycinin으로 필수아미노산을 골고루 함유하고 있어 상당히 양질이다. 특히 곡류에서 부족한 라이신과 트립토판tryptophan의 함량이 높아 쌀에 섞어 밥을 지으면 쌀의 영양가를 높일 수 있다.

콩은 수확시기에 따라 여름콩, 중간콩, 가을콩으로 구분하며 색에 따라서는 종피와 자엽(떡잎)의 색이 황색인 황대두(누런 콩, 흰콩)와 흑대두(검은콩), 붉은색인 밤콩, 종피의 색과 속살이 모두 푸른색인 청대두(푸르대콩)로 구분한다. 서리태는 겉모양은 검지만 껍질을 벗기면 속이 푸른색이어서 속청태라고도 하며 흑대두에 속한다.

대두의 주요 단백질인 글리시닌 자체는 소화율이 높으나 대두의 조직이 치밀하기 때문에 소화율은 사실상 높지 않다. 그러나 대두를 가공하면 소화율을 높일 수 있다. 곡류보다 비타민 B 복합체를 다량 함유하고 있으나 비타민 C를 비롯한 기타 비타민 함량은 매우 낮은 편이다. 회분으로는 칼륨이 가장 많고 그 외에 인, 나트륨, 칼슘, 마그네슘 등이 들어 있다. 인은 대부분 피틴phytin의 형태로 존재하며 칼륨, 칼슘, 마그네슘도 주로 피틴과 결합한 상태로 존재한다. 대두에는 약 0.5%의 사포닌이 함유되어 있다.

2) 팥

팥은 우리나라에서 콩 다음으로 수요가 많은 두류이며, 원산지는 중국 등 아시아 지역으로 알려져 있다. 팥은 적갈색이 가장 많으나 회백색, 크림색, 담녹색, 담황색, 갈색, 흑색, 얼룩색인 것도 있다.

팥은 대두와는 달리 68%가 당질이며 그중 약 35%가 전분이다. 지방 함량이 낮고 단백질도 대두에 비해 적은 편이지만 식물성 식품으로 볼 때는 많은 편이다. 단백질의 약 80%는 글로불린으로서 라이신과 트립토판을 상당량 포함하고 있다. 그러나 함황아미노산은 약간 부족한 수준이다. 팥에는 0.3%의 사포닌이 함유되어 있는데, 사포닌은 장을 자극하는 성질이 있어 많이 먹으면 설사의 원인이 된다.

3) 녹두

녹두는 인도와 동남아시아가 주산지로 알려져 있다. 녹색을 띤 콩이라는 뜻으로 녹두라 불리며 모양과 성분이 팥과 비슷하다. 열매의 크기는 팥보다 작지만 그 형태는 비슷하다. 생김새는 원통형에 녹색이 많으나 황색, 녹갈색, 흑갈색인 것도 있다. 그러나 자엽의 색은 거의 황색이다.

녹두는 주성분이 전분이며 단백질의 양이 풍부하고 향미가 좋아 청포묵, 빈대떡, 떡소, 떡고물, 녹두죽 등을 만드는 데 쓰인다. 싹을 길러 숙주나물로 만들어 먹기도 한다. 숙주나물은 녹두에 비해 비타민 A, B, C가 많다.

4) 강낭콩

강낭콩의 원산지는 페루 등 중앙아메리카로 알려져 있으며, 우리나라에는 중국의 남부 지방을 통해 전래되었다. 강낭콩에는 덩굴이 뻗는 것과 그렇지 않은 것이 있다. 콩꼬투리의 색은 대체로 녹색이며 콩알의 모양은 구형, 장원형, 신장형 등이다. 종피의 색은 갈색, 백색, 적자색, 청홍색 등이며 콩알의 크기는 대두보다도 크다.

강낭콩의 주성분은 전분이며 단백질도 많은 편이다. 영글지 않은 푸른 콩꼬투리에는 단백질, 비타민 A, 비타민 B_1과 B_2, 비타민 C 등이 풍부하여 채소로도 많이 이용된다. 주로 밥을 지을 때 넣거나 떡소, 떡고물, 양갱, 샐러드 등의 원료와 재료로 쓰인다.

5) 땅콩

두류 중 유일하게 땅속에서 성장하기 때문에 땅콩이라고 부른다. 땅콩은 황백색의 자엽이 대부분을 차지하고 배아는 매우 작다. 기름을 짜기 위해서는 소립종이 적합하지만 볶아서 먹을 때는 단백질 함량이 높은 대립종이 좋다.

땅콩단백질의 필수아미노산 조성은 대두보다 우수하지는 않지만 지질은 필수지방산 중 아라키돈산arachidonic acid이 많으며, 그 외 올레산oleic acid과 리놀레산linoleic acid을 소량 함유하고 있다. 비타민으로는 티아민thiamine과 나이아신niacin이 존재하는데, 그중 나이아신 함량이 높다. 땅콩은 볶아서 먹는 식용 외에도 제과, 땅콩버터, 식용유, 마가린 제조 등에 다양하게 이용된다.

표 11-5 주요 두류의 국산과 외국산 농산물 식별법

구분	국산 두류 농산물	외국산 두류 농산물
일반 콩	 **원산지 : 국내** • 껍질이 얇고 깨끗하다. • 윤택이 많이 난다. • 병든 낟알이 많이 섞여 있다. • 가로로 잘린 낟알이 섞여 있지 않다. • 미숙립이 많이 섞여 있다. • 낟알의 굵기가 고르지 않다. • 배꼽 속의 눈 모양이 회색, 미색, 황색의 타원형이며 그 속에 '–'자형의 갈색 또는 미색 선이 있다. • 뉴엠지(New M.G) 시약을 처리하면 연한 청색으로 변하는 것이 많다.	 **원산지 : 미국(위), 중국(아래)** • 껍질이 두껍고 거칠다. • 윤택이 적다. • 병든 낟알의 혼입이 적다. • 가로로 잘린 낟알이 섞여 있다. • 미숙립의 혼입이 적다. • 낟알의 굵기가 고르다. • 배꼽 속의 눈 모양이 미국산은 검은색의 타원형이며 중국산은 희미한 흔적으로 보인다. • 뉴엠지(New M.G) 시약을 처리하면 진한 청색으로 변하는 것이 많다.

(계속)

구분	국산 두류 농산물	외국산 두류 농산물
강낭콩	 **원산지 : 국내** • 선명한 적색 또는 적갈색이며 윤택이 많이 난다. • 배꼽이 약간 튀어나와 있다. • 껍질이 쭈글쭈글하다. • 물에 1시간 담그면 쭈글쭈글해지는 낟알이 많다(91% 이상).	 **원산지 : 중국** • 선별이 잘되어 있으며 윤택이 적다. • 배꼽이 오목하게 들어가 있으며 배꼽 주위가 검은색으로 둘러싸여 있다. • 배꼽 속의 반점이 뚜렷하지 않다. • 껍질이 매끈하다. • 물에 1시간 담그면 쭈글쭈글해지는 낟알이 적다(10% 이하).
녹두	 **원산지 : 국내** • 진한 녹색이면서 갈색 낟알이 섞여 있다. • 표면이 거칠고 윤기가 적다. • 낟알의 크기가 고르지 않다. • 미숙립이 많이 섞여 있다.	 **원산지 : 중국** • 연한 녹색으로 크기가 일정하다. • 표면이 매끄럽고 윤기가 나는 것과 거칠고 윤기가 없는 것이 있다. • 낟알의 크기가 고르다. • 미숙립이 거의 없다.

(계속)

구분	국산 두류 농산물	외국산 두류 농산물
팥	 **원산지 : 국내** • 낟알의 크기가 고르지 않다. • 낟알의 모양이 둥글다. • 붉은색이 짙고 윤택이 많이 난다. • 배꼽 속의 흰색 띠가 뚜렷하다.	 **원산지 : 중국** • 낟알의 크기가 고르다. • 낟알의 모양이 길쭉하다. • 붉은색이 옅고 윤택이 난다. • 배꼽 속이 흰색 띠가 뚜렷하지 않다.

출처: 국립농산물품질관리원

4. 채소류

전 세계를 통해 식용되고 있는 채소의 종류는 매우 다양하다. 우리나라도 과거에 비해 그 종류가 상당히 많아졌으며 소비량 역시 크게 증가하고 있다. 채소류는 일반적으로 엽경채류, 근채류, 과채류, 화채류, 산채류 등으로 분류하며 식품학적으로 다음과 같은 가치가 있다.

① 일반적으로 수분의 함량이 약 90% 이상으로 독특한 풍미를 지녀 식욕을 증진한다.

② 비타민과 무기질의 공급원이다.

③ 다량 함유된 식이섬유가 소화기의 기능을 촉진한다.

④ 다양한 색채가 시각적으로 식욕을 돋운다.

1) 엽경채류

전통적으로 채소류라 하면 잎을 먹는 엽채류가 가장 대표적이며 갓, 근대, 머위, 무청, 미나리, 배추, 상추, 시금치, 쑥갓, 양배추, 케일, 파슬리 등이 여기에 속한다. 보통 잎을 먹는 엽채류는 줄기를 함께 먹는 일이 많으므로 엽경채류라고도 부른다. 두릅, 마늘종, 부추, 아스파라거스, 죽순, 셀러리, 참나리, 파 등은 줄기를 주로 먹는 경채류이다. 채소류 공통의 특징이기는 하지만 특히 엽채류의 경우 수분 함량이 90% 이상으로 많고 무기질과 비타민이 풍부하다. 또 잎의 색이 짙은 채소가 카로틴의 함량이 높은 편이다.

2) 근채류

근채류란 땅속뿌리나 줄기 등을 식용하는 채소류를 말한다. 무·당근·도라지·더덕은 뿌리를 먹는 근채류이고, 감자·돼지감자 등은 땅속줄기의 끝 부분에 영양성분이 저장된 덩이줄기(괴경塊莖)이며, 토란은 지하줄기가 비대해져 공 모양이 된 알줄기(구경球莖)이다. 양파와 마늘 역시 땅속줄기의 일종인 비늘줄기(인경鱗莖) 근채류이다. 이들 근채류는 저장온도와 습도만 잘 조절하면 상당 기간 신선하게 저장할 수 있다.

3) 과채류

과채류란 오이, 토마토, 가지, 피망, 파프리카, 고추, 오크라, 단호박 등 열매를 식용하는 채소류를 말한다. 과일로 분류되는 열매에 비해 수분 함량이 높고 당질이 적은 편이다. 단호박은 탄수화물과 비타민 C, 고추와 홍색 피망은 카로틴과 비타민 C가 풍부하며, 토마토 역시 비타민 C가 많이 함유되어 있다.

4) 화채류

화채류는 꽃을 먹는 것으로 아티초크, 콜리플라워(꽃양배추), 브로콜리 등이 있다. 섬유질과 비타민 B_1, B_2, C가 풍부하다. 국화, 진달래, 개나리 등은 화전을 부쳐서 먹기도 하며,

근래에는 각종 허브의 독성이 없는 꽃들을 식용으로 이용하기도 한다.

5) 산채류

산채류는 산과 들에서 쉽게 얻을 수 있는 채소들로 오래전부터 식용되어 왔다. 고사리, 고비, 비름, 냉이, 달래, 두릅, 취, 씀바귀, 참나물, 원추리, 질경이, 쑥 등이 있다.

표 11-6 주요 채소류의 국산과 외국산 농산물 식별법

구분	국산 채소류 농산물	외국산 채소류 농산물
양파	 **원산지 : 국내** 통양파 • 껍질이 부드러워 잘 찢어진다. • 뿌리털이 대부분 남아 있다. • 줄기 부분이 길다. 깐양파 • 세로줄이 희미하고 간격이 넓다. • 조직이 연하다. • 비늘의 쪽수가 적다.	 **원산지 : 중국** 통양파 • 껍질이 질기고 잘 찢어지지 않는다. • 뿌리털이 제거되어 짧다. • 줄기 부분이 짧다. 깐양파 • 세로줄이 뚜렷하고 간격이 좁다. • 조직이 단단하다. • 비늘의 쪽수가 많다.
당근	 **원산지 : 국내** • 뿌리 눈의 흔적이 희미하다. • 머리 부분이 굵고 끝이 가늘다. • 잎의 절단 부분이 거칠고 잎의 일부가 남아 있는 것이 있다.	 **원산지 : 중국** • 뿌리 눈의 흔적이 선명하다. • 머리와 끝의 굵기가 비슷하다 • 잎의 절단 부분이 깨끗하다.

(계속)

구분	국산 채소류 농산물	외국산 채소류 농산물
고구마 줄기	 **원산지 : 국내** • 줄기의 길이가 길다. • 굵기가 고르고 매끈하다. • 회색 또는 연한 갈색이다. • 줄기의 골이 깊다. • 색깔이 고르고 선명하다.	 **원산지 : 중국** • 줄기의 길이가 짧다. • 굵기가 고르지 않고 쭈글쭈글하다. • 암갈색이다. • 줄기의 골이 얕다. • 색깔이 고르지 않다.
토란 줄기	 **원산지 : 국내** • 한 묶음의 무게가 가볍다. • 길이가 짧다. • 폭이 좁다. • 물에 담그면 부드러워 보이며 녹색을 많이 띤다. • 손으로 찢어 말려 자른 면이 불규칙하다.	 **원산지 : 중국** • 한 묶음의 무게가 무겁다. • 길이가 길다. • 폭이 넓다. • 물에 담그면 퉁퉁하게 부풀고 회색을 많이 띤다. • 칼로 잘라 자른 면이 매끈하다.
우엉	  **원산지 : 국내** 통우엉 • 2차근의 발생이 많다. • 표면에 흙이 많이 묻어 있다. • 껍질이 얇아 잘 마른다. 찢은 우엉 • 섬유질이 연하며 깨물어 보면 부드럽고 단맛이 약하다. • 만져 보면 부드럽다.	  **원산지 : 중국** 통우엉 • 2차근이 거의 없어 매끈하다. • 표면에 흙의 양이 매우 적다. • 껍질이 두꺼워 잘 마르지 않는다. 찢은 우엉 • 섬유질이 단단하며 깨물어 보면 딱딱하고 단맛이 강하다. • 만져 보면 거칠고 딱딱하다.

(계속)

구분	국산 채소류 농산물	외국산 채소류 농산물
도라지	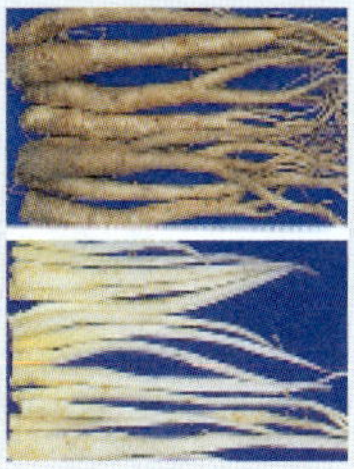 **원산지 : 국내** 통도라지 • 원뿌리가 인삼처럼 2~3개로 갈라진 것이 많다. • 신선하다. 깐도라지 • 길이가 짧다. • 단단한 섬유질이 적어 깨물어 보면 부드럽고 쓴맛이 거의 없다. • 껍질이 잘 벗겨지지 않아 일부 남아 있다.	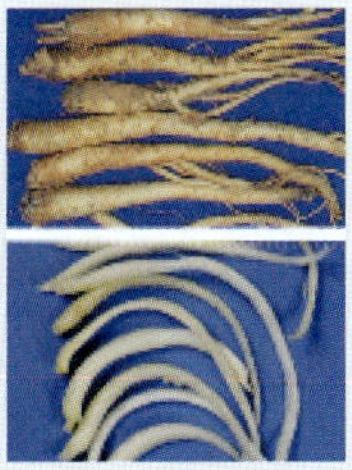 **원산지 : 중국** 통도라지 • 원뿌리가 1개로 일직선으로 자란 것이 많다. • 시든 것이 많다. 깐도라지 • 길이가 다양하다. • 단단한 섬유질이 많아 깨물어 보면 질기고 쓴맛이 강하다. • 껍질이 잘 벗겨져 깨끗하다.
고사리	 **원산지 : 국내** • 줄기가 짧고 가늘다. • 줄기 윗부분에 잎이 많이 붙어 있다. • 색깔이 연한 갈색이고 털이 적다. • 섬유질이 연하다. • 줄기 아랫부분의 단면이 불규칙하게 잘려 있다. • 잘린 부위에 진액이 응고되어 색이 진하다. • 독특한 향이 강하다. • 물에 담그면 빨리 부풀고 옅은 검은색을 띤다.	 **원산지 : 중국** • 줄기가 길고 굵다. • 줄기 윗부분에 잎이 많이 떨어져 있다. • 색깔이 진한 갈색이고 털이 많다. • 섬유질이 질기다. • 줄기 아랫부분을 칼로 잘라 단면이 매끈하다. • 잘린 부위에 진액이 응고되어 있지 않다. • 독특한 향이 약하다. • 물에 담그면 부푸는 속도가 느리고 짙은 검은색을 띤다.

(계속)

구분	국산 채소류 농산물	외국산 채소류 농산물
취나물	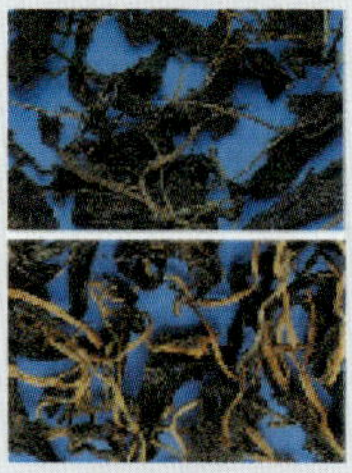 **원산지 : 국내** • 줄기가 변색된 것의 혼입이 적다. • 줄기가 가늘고 부드럽다. • 부서진 것이 적다. • 독특한 향이 강하다.	 **원산지 : 중국** • 줄기가 변색된 것이 많이 섞여 있다. • 줄기가 굵고 딱딱하다. • 부서진 것이 많다. • 독특한 향이 약하다.
양배추	 **원산지 : 국내** • 한 통의 평균무게가 2.5kg 내외로 중국산에 비해 무겁다. • 형태가 대체로 둥글다. • 결구가 치밀하고 단단하다. • 절단하면 줄기가 구경의 1/3 정도이다. • 상부의 겉잎이 진녹색을 띤다. • 뿌리의 절단부위가 싱싱하다.	 **원산지 : 중국** • 한 통의 평균무게가 2.0kg 내외로 국산에 비해 가볍다. • 형태가 대체로 둥글넓적하다. • 결구가 엉성하여 눌러 보면 약간 들어간다. • 절단하면 줄기가 구경의 2/3에 가깝다. • 상부의 겉잎이 연녹색을 띤다. • 뿌리의 절단부위가 말라 있다.
단호박	 **원산지 : 국내** • 6~9월경 수확된다. • 신선도가 높다. • 속은 옅은 황색이다.	 **원산지 : 뉴질랜드** • 12~2월경 수확된다. • 속은 짙은 황색이다.

출처: 국립농산물품질관리원

5. 과일류

과일류는 고유의 아름다운 색과 특유의 향, 적당한 단맛과 신맛, 풍부한 과즙, 그리고 부드럽거나 아삭아삭한 질감 등의 특징을 가지고 있다. 과일은 식욕을 촉진하며, 영양 보충은 물론 기호식품으로도 안전하다.

다른 식자재와 달리 신선한 것을 그대로 생식하는 과일은 당분과 유기산이 풍부할 뿐만 아니라 비타민, 무기질, 섬유소의 함량이 높으며 파이토케미컬까지 함유하고 있어 알칼리성 식품으로도 그 가치가 높다. 반면에 단백질과 지방은 일반적으로 적은 편이다.

과일은 식용부위나 구조에 따라 인과류, 핵과류, 장과류, 견과류로 분류하며 그 종류에 따라 영양성분이 다르다. 예를 들면 귤, 사과, 딸기, 멜론 등은 특히 다른 과일보다 비타민 C가 풍부하다.

과일은 젤gel을 만드는 성분을 가진 펙틴질pectic substances이 풍부하여 잼과 젤리식품의 조리와 가공에 많이 쓰이며 건강미용식으로도 활용도가 높다. 특히 과육부위에는 셀룰로오스cellulose(섬유소)가 많아 장의 운동에도 매우 좋다. 주스, 잼, 통조림, 과실주 등 각종 가공식품에 이용된다.

알아두기

파이토케미컬phytochemicals

식물 속에 들어 있는 화학물질로 식물 자체에서는 경쟁식물의 생장을 방해하거나 각종 미생물과 해충 등으로부터 자신의 몸을 보호하는 역할을 한다. 인체 내에서는 항산화물질이나 세포 손상을 억제하는 작용을 하며, 식물생리활성영양소라고 부른다.

1) 인과류

인과류는 꽃받침이 연장된 부위가 이를 둘러싸고 발달하여 과육이 되는 과일로, 씨방 안에 종자가 있고 꼭지는 배꼽의 반대쪽에 있다. 사과, 배, 비파, 모과 등이 이에 속한다. 씨방이 발달하여 과육이 되는 준인과류로는 감귤류와 감, 유자, 레몬, 오렌지 등이 있다.

2) 핵과류

핵과류는 과육의 씨방이 발달하여 과실을 맺는 것으로 안에 딱딱한 핵이 있고 그 안에 종자가 있다. 복숭아, 자두, 살구, 앵두, 대추, 매실 등이 있다.

3) 장과류

장과류는 과실이 하나의 씨방으로 중과피와 내과피로 구성되어 있으며 그 속에 종자가 있다. 육질이 부드럽고 과즙이 많으며 딸기, 포도, 무화과, 바나나, 파인애플 등이 있다.

4) 견과류

견과류는 잎이나 뿌리에서 만들어진 것으로 껍질이 단단하고, 겉껍질을 벗기면 속껍질이 또 한 겹 싸여 있다. 곡류와 두류처럼 그 안의 종실을 먹으며 은행, 밤, 호두, 잣, 땅콩 등이 있다.

6. 버섯류

담자균에 속하는 버섯류는 독특한 맛과 향으로 기호도가 높으며 저지방, 저칼로리, 친환경 및 유기농식품으로 그 수요가 증가하고 있다. 버섯은 토양이나 나무 등에서 생육하며 독립적으로 영양을 행하지 못하므로 기생생활을 한다. 적당한 시기가 되면 포자를 형성하기 위한 기관으로 자실체인 삿갓 모양의 버섯을 형성하는데, 이것을 채취하여 식용한다.

전 세계적으로 약 18,000여 종에 이르는 버섯 가운데 우리나라에 기생하는 종류로는 약

100여 종이 있으며 그중 약 20여 종이 재배되고 있다.

1) 표고버섯

표고버섯은 송이목, 송이과에 속하며 우리나라에서 생산량이 가장 많은 버섯이다. 3~5월에 수확하는 봄표고버섯은 살이 두껍고 향이 좋으며, 가을표고버섯은 잎이 엷고 향이 약하다. 기온과 습도가 맞는 참나무, 밤나무 등에 기생하며 한라산, 지리산, 오대산 등에서 재배된다.

생표고버섯은 수분이 많지 않고 갓이 적당히 퍼진 상태로 갓 안쪽 주름이 선명하며, 줄기는 통통하고 짧은 것이 좋다. 향은 건표고버섯보다 약하지만 질감이 우수하여 찌개, 나물, 전, 튀김, 찜 등의 소리에 많이 이용한다. 건표고버섯은 건조과정에서 핵산성분인 구아닐산guanylic acid과 향성분인 렌티오닌lenthionine이 생성되어 특유의 좋은 맛과 향을 지닌다. 일반적으로 생표고버섯보다 건표고버섯이 영양학적으로 우수하다고 알려져 있다.

2) 새송이버섯

새송이버섯은 조직이 치밀하고 씹는 맛이 자연송이와 비슷하여 저장성이 좋은 큰 느타리버섯이다. 1977년경부터 인공적으로 재배되면서 '새송이버섯'이라는 명칭이 붙었다. 새송이버섯은 단백질 함량이 약 30%로 유용한 단백질 공급원일 뿐만 아니라 식이섬유, 비타민, 무기질이 함유되어 영양학적 가치가 우수하다. 소비량이 계속 증가하고 있어 인공재배를 통해 대량생산되고 있다.

3) 양송이버섯

양송이는 세계적으로 가장 많이 재배되는 송이과의 버섯으로 유럽에서 많이 식용한다. 최근에는 우리나라에서도 대량으로 생산하여 통조림으로 수출하고 있다.

양송이의 품질기준은 생식용과 통조림용이 다소 다른데, 통조림용으로는 백색의 소형이 좋다. 독특한 풍미로 수프, 샐러드, 버터볶음 등의 양념요리에 이용되며, 육류와 맛이 잘 어울려 쇠고기 버섯볶음 등 고기요리에 적합하다.

4) 목이버섯

목이버섯은 온대에 널리 분포하며 검은색과 흰색으로 여러 가지 활엽수에 연중 피어난다. 우리나라의 자연산 목이버섯의 주산지는 강원도, 전라북도, 경상북도이며 이 중 일부는 수출되고 있다.

목이버섯은 다른 식용버섯에 비해 조섬유가 많은 편이나 단백질, 칼륨, 칼슘, 인, 철, 비타민의 함량이 높다. 특히 섬유질이 많아 정장작용을 한다. 일반적으로 건조 목이버섯이 유통되고 있어 미지근한 물에 불려 사용하는데, 불리면 5배 정도 커진다. 잡채, 무침, 볶음, 수프 등의 음식에 많이 사용한다.

5) 팽이버섯

팽이버섯은 한국과 동아시아, 중국, 북미 등 전 세계의 온대에서 잘 자라며 대부분 생것으로 유통되므로 신선도가 매우 중요하다. 살이 두껍고 뿌리 부분이 짙은 갈색으로 탄력이 있으며 갓이 피지 않고 특유의 색깔을 띤 것이 좋다. 물에 살짝 씻어 날것 그대로 먹거나 구이, 찌개, 전골, 튀김 등에 이용한다.

표 11-7 주요 버섯류의 국산과 외국산 농산물 식별법

구분	국산 버섯류 농산물	외국산 버섯류 농산물
표고 버섯	 **원산지 : 국내** • 자루 끝 부분이 매끄럽고 하얀 팡이사가 붙어 있지 않다. • 독특한 향이 강하다.	 **원산지 : 중국** • 자루 끝 부분이 불규칙하고 하얀 팡이사가 붙어 있는 것이 많다. • 술 또는 쉰 듯한 냄새가 난다.
표고 버섯 (동고)	 **원산지 : 국내** • 갓이 크고 두껍다(둥근 모양). • 자루가 길고 굵다. • 갓의 표면과 주름이 밝은 갈색이다. • 품질이 양호하며 무게가 무겁다(주로 원목재배). • 독특한 향이 강하다.	 **원산지 : 중국(위), 북한(아래)** • 갓이 작고 얇다(삿갓 모양). • 자루가 짧고 가늘거나 없다. • 갓의 표면과 주름이 짙은 갈색이다. • 품질이 불량하며 무게가 가볍다(주로 톱밥재배). • 독특한 향이 약하다.
표고 버섯 (백화고)	 **원산지 : 국내** • 갓의 크기가 균일하고 둥근 모양이다. • 자루 모양이 균일한 편이고 깨끗하다. • 갓 표면의 골이 깊고 뚜렷하다. • 갓 뒷면의 주름이 밝은 미색이다.	 **원산지 : 중국** • 갓의 크기와 모양이 불규칙하다. • 자루 모양이 균일하지 않고 지저분하다. • 갓 표면의 골이 얕고 뚜렷하지 않다. • 갓 뒷면의 주름이 어두운 황갈색이다.

(계속)

<table>
<tr><th>구분</th><th>국산 버섯류 농산물</th><th>외국산 버섯류 농산물</th></tr>
<tr><td>목이
버섯</td><td>
원산지 : 국내
• 크기가 크다.
• 갓 앞면이 진한 흑색이다.
• 갓 뒷면이 갈색이고 주름이 적다.
• 원래 모습 상태로 있고 부서진 것이 적다.
• 독특한 향이 강하다.</td><td>
원산지 : 중국
• 크기가 작다.
• 갓 앞면이 연한 흑색이다.
• 갓 뒷면이 회색이고 주름이 많다.
• 부서진 것이 많다.
• 독특한 향이 약하다.</td></tr>
</table>

출처: 국립농산물품질관리원

7. 해조류

해조류란 바다에 분포하는 식물로 클로로필chlorophyll(엽록소)을 가지고 있으며 자가영양을 하는 종류의 총칭이다. 우리나라 근해에 서식하는 해조류는 500여 종이나 되며 그중 식용할 수 있는 것은 50여 종이다. 대표적으로 녹조류, 갈조류, 홍조류로 분류한다. 녹색을 띠는 녹조류에는 파래·청각·클로렐라, 녹갈색 혹은 담갈색의 갈조류에는 미역·다시마·모자반·톳, 붉은색 혹은 자주색의 홍조류에는 김·우뭇가사리 등이 있다.

해조류는 탄수화물의 소화율이 낮고 단백질과 지방의 함량도 적지만 무기질 중 칼륨, 칼슘, 요오드가 많으며 비타민 A, C 등의 함량이 높다.

1) 미역

미역은 우리나라 전역에 분포하며 특히 기장, 완도, 진도, 고홍 등이 주산지이다. 미역의 탄수화물 함량은 약 48%로 높지만 전분이나 당과 같이 인체 내에서 에너지원으로 이용될 수 있는 것은 아니다.

미역에는 알긴algin이 20~30%, 만니톨mannitol이 10~20%, 라미나린laminarin이 1~10%, 그리고 푸코이딘fucoidin, 헤미셀룰로오스hemicellulose 등의 다당류가 소량 함유되어 있다. 이 다당류들은 영양소의 역할은 못하지만 식이성 섬유로서 장의 운동을 자극하여 다른 영양소의 소화와 흡수를 돕는다. 미역에 들어 있는 점질물인 알긴산은 중금속, 농약, 콜레스테롤 등을 흡착하여 배출시키므로 혈중 콜레스테롤 저하, 혈압 강하 등의 작용을 한다.

생미역은 선명한 녹색에 잎이 넓고 줄기가 가는 것이 좋으며, 건미역은 줄기가 가늘고 광택이 있으며 검푸른 색을 띠는 것이 좋다.

2) 다시마

다시마는 우리나라, 일본, 중국 등 아시아에서 오래전부터 식용되어 왔다. 우리나라의 경우 전 연안에서 양식되며 특히 동해안, 거제도, 흑산도, 거제도가 주산지이다. 다시마는 뿌리부터 줄기가 끝까지 나 있으며, 줄기의 가장자리에 잎이 밋밋하게 붙어 있다. 다시마의 크기는 짧은 것부터 약 8m에 달하는 긴 것까지 다양하다.

갈조류에 속하는 다시마의 구성성분은 미역과 비슷하다. 마른 다시마의 표면을 덮고 있는 흰 분말은 만니톨로서 설탕의 약 60%에 해당하는 단맛이 있다. 이와 함께 구수한 맛의 글루탐산glutamic acid도 함유되어 음식의 맛을 돋우므로 맑은장국을 끓일 때 감칠맛을 내기 위해 넣는다.

다시마는 섬은색에 녹길색을 띠며 빈듯하게 겹처서 말린 것으로 두껍고 표면에 흰 분말이 골고루 퍼져 있는 것이 양질이다. 국불을 우려낼 때뿐만 아니라 튀각, 산자, 조림, 치 등으로도 널리 이용된다.

8. 식육류

축산물류의 대부분은 식육으로 사용되고 있다. 식육이란 인간이 식품으로 식용하기에 적합한 동물의 고기를 말하며, 여기에서 뼈를 분리한 살코기 부분을 정육이라고 한다. 식육은 동물의 근육조직을 말하나, 넓은 의미로는 지방조직과 내장육(간·콩팥·골·위장·소장·혀 등)까지 포함된 모든 가식부를 말한다.

식육류는 수육류meat와 조육류poultry meat(가금육)로 구분하며 수육류에는 쇠고기, 돼지고기, 양고기가 많이 쓰인다. 가금류poultry는 사람이 식용하기 위해 사육되는 모든 종류의 조류를 말하며 육류보다 단가가 싼 단백질원으로 많이 이용된다. 닭, 칠면조, 오리, 거위, 메추리, 꿩, 비둘기 등이 있으며 우리나라에서는 닭고기, 미국에서는 칠면조, 중국에서는 오리고기를 가장 많이 식용한다.

1) 쇠고기

소의 품종은 육우肉牛, 유우乳牛(젖소), 역우役牛 및 병용종으로 구분하며 우리나라는 일찍부터 육우와 역우의 목적을 겸한 재래종 한우가 사육되어 왔다.

쇠고기는 크게 국내산(한우·육우·젖소)과 수입 쇠고기로 구분하며, 도축장에서 지육에 표시하는 도축검인의 색깔이 종류별로 구별되어 유통되고 있다. 한국소인 한우가 대표적인 국내산 쇠고기의 범위에는 외국의 소가 국내에 들어와 6개월 이상 비육된 후 도살된 것도 포함된다. 수입 쇠고기는 냉동으로 수입되는 것을 말한다. 젖소고기는 우유를 착유했던 늙은 젖소를 도살한 것으로 육질이 질기고 맛이 떨어진다. 한우 지육은 적색 도장, 육우 지육은 녹색 도장, 젖소 지육은 청색 도장으로 표시하며 수입 쇠고기는 푸른 도장을 찍어 구분한다.

우리나라에서 표시되고 있는 소 도체등급의 기준을 살펴보면 도체에서 생산되는 고기의 양에 따른 육량등급이 A·B·C 등급과 등외인 D등급으로 구분되고, 육질등급은 근내지방도, 육색, 지방색, 조직감, 성숙도에 따라 5개 등급과 등외로 판정되며 표 11-8, 이는 소비자가 고기를 선택할 때 참고가 된다.

쇠고기의 대분할 부위인 등심 및 채끝과 소분할 부위인 윗등심살, 꽃등심살, 채끝살은 축산물등급판정확인서에 기록된 육질등급을 표시해야 한다. 기타 부위의 등급은 식육 판매업소에서 자율적으로 표시한다.

표 11-8 소 도체등급 표시기준

육량등급 \ 육질등급	1⁺⁺등급	1⁺등급	1등급	2등급	3등급	등외
A등급(67.5 이상)	1⁺⁺A	1⁺A	1A	2A	3A	
B등급(62.0 이상~67.5 미만)	1⁺⁺B	1⁺B	1B	2B	3B	
C등급(62.0 미만)	1⁺⁺C	1⁺C	1C	2C	3C	
D등급(등외)						

*육량지수 산정방법(소수점 셋째 자리 이하 절사)
육량지수 = 68.184 − [0.625 × 등지방 두께(mm)] + [0.130 × 배최장근 단면적(cm^2)] − [0.024 × 도체 중량(kg)]
출처: 축산물품질평가원

2) 돼지고기

돼지의 품종은 약 100여 종으로 용도별로 보면 생육형pork type과 가공형bacon type, 지방형lard type 등으로 구분된다. 생육형은 소비자의 기호도가 높은 햄, 베이컨, 로인loin, 숄더 등의 부위가 발달한 체형으로 특히 살코기가 풍부하다. 가공형은 옆구리가 길고 체심이 큰 편으로 다른 용도의 돼지보다 고기의 양이 많고 지방이 적다. 지방형은 몸집이 월등히 크며 등, 옆구리, 햄에 지방이 많고 두꺼워 라드lard 채취용으로 사육되었으나 최근에는 식용유로서 라드의 선호도가 떨어지면서 그 품종이 적어졌다.

돼지고기의 등급은 육질등급과 규격등급으로 구분하여 판정한다. 육질등급은 근내지방도, 육색, 지방, 소직감에 따라 1⁺, 1, 2등급으로 판정하는 것으로 소비자의 선택기준이 되며, 규격등급은 도체중, 등지방 두께, 비육과 외관상태를 종합적으로 고려하여 A, B, C 등급으로 분류한다. 이 같은 돼지고기의 등급은 식육 판매업소에서 자율적으로 표시하며, 이때 반드시 축산물등급판정확인서에 기록된 등급대로 표시해야 한다.

3) 닭고기

세계적으로 소비량이 증가하고 있는 닭고기는 단백질이 약 20%, 지방이 약 5%이며 비타민 A가 풍부하고 비타민 B_1, B_2, 나이아신 등의 좋은 공급원이 된다. 닭고기의 근섬유는 가늘고 섬세하며 길이가 짧아 부드럽다. 가슴살은 흰색으로 단백질이 많고 지방이 적어 맛이 담백하고 퍽퍽하며, 날개살은 지방이 많고 맛이 좋다.

4) 달걀

달걀은 필수아미노산을 모두 함유하고 있어 단백가가 100으로 영양 면에서 우수한 식품이다. 달걀의 구조를 살펴보면 껍질, 난각막, 노른자, 흰자, 기실, 알끈 등으로 구성되어 있으며 단백질은 흰자부위에, 지질은 노른자부위에 많이 함유되어 있다.

달걀의 품질은 크기, 신선도, 껍질의 상태에 의해 결정된다. 국내에서 시판되는 달걀의 품질등급은 세척한 것에 대해 외관, 투광, 할란 판정을 거쳐 1^+, 1, 2, 3으로 구분한다. 외관판정은 전체적인 모양, 난각의 상태, 오염 여부 등 달걀 외부의 상태를, 투광판정은 기실의 크기, 난황의 위치와 퍼짐 정도, 이물질의 유무를, 할란판정은 난백의 높이와 달걀의 무게, 이물질의 유무를 평가한다.

중량규격에 따른 등급은 무게를 기준으로 왕란, 특란, 대란, 중란, 소란의 5가지로 나눈다. 달걀은 크고 균일하면서 껍질이 꺼칠꺼칠하고 광택이 없으며 깨끗하고 신선한 것이 좋다.

달걀의 가공식품으로는 껍질을 제거하고 수분을 증발시켜 건조한 건조란, 껍질을 벗기고

표 11-9 달걀의 품질등급 판정기준

품질등급	판정기준
1^+등급	A급이 70% 이상, B급 이상이 90% 이상, D급이 3% 이하(나머지는 C급)
1등급	B급 이상이 80% 이상, D급이 5% 이하(기타는 C급)
2등급	C급 이상이 90% 이상(기타는 D급)
3등급	C급 이상이 90% 미만(기타는 D급)

출처: 축산물품질평가원

동결시킨 동결란(냉동전란·냉동난황·냉동난백), 난황의 유화력을 이용한 마요네즈가 대표적이다. 알 속에 소금과 알칼리성 염류를 침투시켜 흰자와 노른자를 응고시킨 피단은 중국에서 오리알로 만들기 시작하여 달걀에도 적용되고 있다.

9. 어패류

어패류는 해산물과 조개류 등을 포함하며, 수산물이 고단백 저지방의 건강식품으로 인식되면서 소비량이 계속 증가하고 있다. 양질의 단백질을 함유한 어패류 가운데 등푸른생선은 특히 DHA 및 EPA와 같은 고도불포화지방산이 풍부한 어종이다.

종류가 매우 다양한 어패류는 크기, 성숙도, 포획시기 등에 따라 각각 맛을 내는 시기가 다르다. 포획 후 사후경직 시간이 짧고 자가소화가 빨라 쉽게 부패하거나 변질되며, 세균에 오염되기도 쉬우므로 취급 시 주의해야 한다. 가공품으로는 가공형태에 따라 냉동품, 건제품, 훈제품, 연제품, 통조림가공품, 조미가공품, 어란가공품, 어유 등이 있다.

1) 어류

어류는 서식지에 따라 해수어와 담수어로 나누며 지방 함량에 따라 고지방, 중지방, 저지방 어류로 분류하기도 한다. 운동량이 적고 지방 함량이 2% 이하인 흰살생선은 물이 맑고 깊으며 수온이 낮은 바다에 서식하는 어류로서 가자미, 도미, 민어, 광어 등이 있다.

활동력이 왕성하고 지방 함량이 5% 이상인 붉은살생선은 바다 표면 가까운 곳에 서식하는 어류로서 고등어, 청어, 멸치, 꽁치, 정어리, 전갱이, 갈치, 연어, 정어, 송어 등이 있다.

담수어로는 잉어, 붕어, 메기, 미꾸라지 등이 있으며 어릴 때는 연안에서 사라지만 산란기가 되면 강으로 올라오는 연어, 송어 등이 있다.

2) 갑각류

갑각류는 딱딱한 껍질이 여러 조각으로 나뉘어 있으며, 껍질 속에 부드러운 근육이 들어 있다. 갑각류 중에는 키틴질chitin의 마디가 있는 갑옷으로 외부가 둘러싸여 이동하기에 편리한 것도 있다. 새우, 게, 가재, 갯가재 등이 이에 속한다.

3) 조개류

조개류는 석회화된 딱딱한 껍질 안에 연하고 부드러운 근육조직이 들어 있으며 피조개, 꼬막, 홍합, 대합, 전복, 굴, 바지락, 모시조개, 소라, 가리비 등이 있다.

4) 연체류 및 극피류

연체류는 뼈가 없고 몸이 부드러우며 마디가 없는 것이 특징이다. 그 종류가 상당히 많은데 식용으로는 오징어, 문어, 낙지, 해파리, 꼴뚜기 등이 대표적이다.

극피류란 두꺼운 껍질을 가진 미더덕, 성게, 해파리, 해삼, 멍게 등을 말하며 연안의 모래 섞인 진흙 위나 암초 사이에 서식한다.

10. 우유 및 유제품

인류는 오래전부터 소, 말, 양, 물소, 낙타 등의 젖을 이용해 왔으며 그중 가장 보편적인 것이 우유이다. 우유는 포유동물의 유선에서 생합성하여 분비되는 분비물을 말하며, 생명의 유지와 정상적인 발육 및 성장에 필요한 성분을 골고루 가지고 있다.

우유는 일반적으로 수분 85~89%, 단백질 2.7~4.4%, 지질 2.8~5.2%, 탄수화물 4.0~4.9%, 회분 0.5~1.1%를 함유하고 있다. 이 성분들은 소의 품종·나이·건강상태, 우유의 분비 시기, 사료, 환경 등에 따라 달라진다.

원유는 살균 후 가공 처리하여 여러 가지 유제품을 만드는데, 시판되고 있는 우유는 살균 후 균질화시킨 것이다. 전지분유, 탈지분유, 조제분유, 연유, 발효유 등 여러 종류의 유제품이 있다.

1) 시유와 가공유

우유를 그대로 마시기 위해 적당히 처리하여 위생상 안전한 형태로 만든 것을 시유city milk, market milk라고 한다.

살균 처리는 우유의 품질 저하와 영양가의 손실을 최소한으로 줄이며 인체에 해로운 세균을 살균하여 소비자에게 안전한 우유를 공급하는 것이 목적이며 저온살균법(60~65℃에서 30분), 고온순간살균법(약 72℃에서 15초), 초고온순간살균법(130~150℃에서 1~5초) 등이 있다.

가공유의 종류로는 착유에 칼슘·철분 등의 무기질, 비타민 A·D 등을 첨가하여 영양성분을 증강시킨 강화우유, 탈지분유와 유지방을 혼합하고 그 성분 조성을 보통의 우유와 비슷하게 조제한 것으로 분유를 물에 용해하여 일반 조성분이 액상우유와 동일하도록 환원시킨 환원우유, 우유에 여러 가지 향료나 감미료를 섞어 조제한 기호음료로 초콜릿우유, 커피우유, 과즙우유 등의 유음료가 있다.

2) 연유

연유는 우유의 성분 중 수분을 증발시킨 것으로 가당연유와 무당연유로 나눈다. 가당연유는 우유에 설탕을 약 16% 첨가하여 1/3 정도로 농축한 것으로서 유고형분이 29% 이상, 유지방이 8% 이상이며, 최종 제품은 40~50%의 설탕에 의한 방부력으로 저장성을 갖추고 있다. 당 함량이 높아 칼로리도 높으며, 제과·제빵에 많이 사용된다.

무당연유는 우유를 1/2~1/3로 농축한 것으로서 유고형분이 22% 이상, 유지방이 6% 이상이며 제조과정은 가당연유와 동일하나 설탕이 들어가지 않기 때문에 방부력이 없다.

3) 버터

버터는 원유에서 크림을 분리한 다음 이를 발효, 숙성, 교반churning, 분리세척, 연압, 가열하여 만든다. 품질규격상 유지방이 80% 이상, 수분이 16.6% 이하로 구성되어 있다. 식염 첨가 여부에 따라 무염버터와 가염버터, 원료 크림의 발효 여부에 따라 젖산을 발효시킨 산성크림버터sour cream butter와 발효시키지 않은 크림sweet cream butter으로 분류한다.

4) 치즈

치즈는 가장 오래된 유제품의 하나로 우유 또는 탈지유에 레닌이나 젖산균으로 응고시켜 얻은 커드를 굳혀서 세균이나 곰팡이 등을 이용하여 숙성시킨 것이다. 세계적으로 800여 종의 치즈가 존재하며, 원료 우유나 발효의 차이에 따라 구분한다.

치즈의 숙성과정 중 사용되는 다양한 종류의 세균이나 곰팡이에 의해 단백질이 분해되어 특유의 향미와 질감이 나타나며, 지방질의 화학적 변화로 지방산과 락톤lactone, 알코올alcohol, 케톤ketone, 알데히드aldehyde, 에스테르ester 등의 다양한 화합물이 숙성치즈의 독특한 맛과 향을 만들어 낸다.

자연치즈는 수분과 지방의 함량에 따라 초경질치즈very hard ripened cheese, 경질치즈hard cheese, 반경질치즈semi-hard cheese, 연질치즈soft cheese로 나눈다. 가공치즈는 한 가지 또는 여러 가지의 자연치즈를 분쇄하여 섞은 후 가열 성형한 것으로, 품질이 균일하고 모양과 무게를 자유롭게 조절할 수 있으며 저장성이 뛰어나고 위생적이다.

APPENDIX

부록

1. 쇠고기
2. 돼지고기
3. 닭고기

1. 쇠고기

1) 소분할의 신설 부위

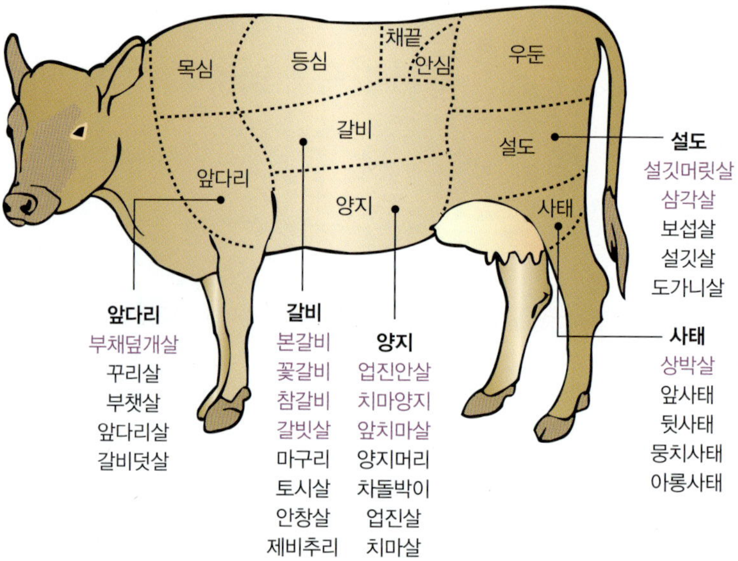

출처: 베스코(VESCO) 홈페이지

2) 부위와 용도

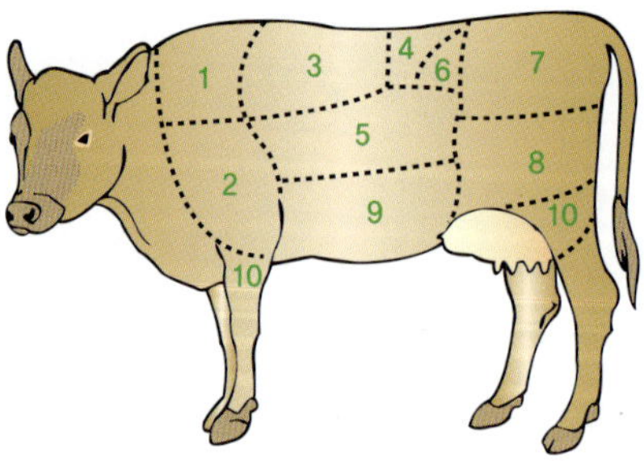

1 목심neck : 불고기
2 앞다리blade/cold : 불고기
3 등심loin : 구이, 스테이크
4 채끝strip loin : 구이, 스테이크
5 갈비rib : 불갈비, 찜갈비
6 안심tender-loin : 구이, 스테이크
7 설도butt & rump : 산적, 불고기
8 우둔topside/inside : 산적, 불고기
9 양지brisket & flank : 국거리
10 사태shin/shank : 장조림

출처: 축산물품질평가원

3) 부위별 특징과 용도

대분할	소분할	특징	요리용도
 안심	안심살	• 유일하게 척추뼈 안쪽에 위치한 근육으로 움직임이 없어 조직이 부드럽고 연하다. • 저지방으로 단백하며 육즙이 많고 고깃결이 비단처럼 곱다. • 쇠고기 중 양이 적어 귀한 부위이다. 요리 시에는 많이 굽지 않는 것이 좋으며, 변색이 빠른 특징이 있다.	• 고급 스테이크, 구이
 등심	윗등심살 꽃등심살 아래등심살 살치살	• 등 쪽의 척추 좌우에 원통 모양으로 위치하며, 비육이 잘된 소의 경우 마블링이 잘 발달되어 고급 부위로 꼽힌다. • 육질이 곱고 연하며 지방이 적당히 섞여 있어 맛이 좋다. • 결조직이 그물망 형태로 연하여 풍미가 좋다.	• 2등급 이상의 고급육 : 스테이크, 구이 • 저급육 : 전골, 불고기
 채끝	채끝살	• 허리 부분(등심 뒷부분에 연결)의 등심과 맞닿은 운동성이 없는 부위로 등심과 비슷한 모양이다. • 육질이 연하고 지방이 적당히 섞여 있다. • 등심보다는 지방이 적고 살코기가 많다.	• 고급육 : 로스구이, 샤브샤브 • 저급육 : 불고기, 국거리
 목심	목심살	• 어깨 위쪽에 붙어 있는 근육으로 여러 개의 다양한 근육이 모여 있고 두꺼운 힘줄이 여러 갈래로 표면에 존재하기 때문에 약간 질긴 편이다.	• 1등급 이상의 고급육 : 스테이크, 구이 • 2등급 이하 : 불고기, 장조림
 앞다리	꾸리살 부챗살 앞다리살 갈비덧살 부채덮개살	• 갈비 바깥쪽에 위치한다. • 내부에 지방층과 근막이 많기 때문에 연한 부위와 질긴 부위가 서로 섞여 있으며, 운동량이 많아 육색이 짙다.	• 꾸리살 : 카레, 회, 칭기즈칸 요리 • 부챗살과 갈비덧살 : 구이 • 그 외 : 불고기, 장조림
 우둔	우둔살 홍두깨살	• 지방이 적어 살코기가 많다. • 우둔살은 고깃결이 약간 두꺼우나 근육막이 적어 연하다. • 홍두깨살은 고깃결이 거칠고 단단하다.	• 우둔살 : 주물럭, 산적, 육포, 불고기 • 홍두깨살 : 육회, 장조림

(계속)

대분할	소분할	특징	요리용도
 설도	보섭살 설깃살 설깃머릿살 도가니살 삼각살	• 엉덩이 아래쪽 넓적다리살로서 바깥쪽 엉덩이 부분으로 다소 결이 거칠고 질긴 편이다. 우둔과 비슷하며 부위별로 육질의 차이가 크다. • 보섭살은 막이 적고 맛이 좋다. • 설깃살은 가장 운동량이 많은 부위이다. • 도가니살은 근육결이 가장 가늘고 부드럽다.	• 보섭살 : 스테이크 • 설깃살 : 산적, 편육, 불고기 • 도가니살 : 육회, 불고기 • 삼각형 모양의 삼각살과 설깃머릿살 : 구이, 불고기, 전골
 양지	양지머리 차돌박이 업진살 업진안살 치마양지 치마살 앞치마살	• 앞가슴에서 복부 아래쪽에 걸쳐 있는 부위로 결합조직이 많아 육질이 질기다. • 오랜 시간 동안 끓이는 조리법에 사용하면 맛이 매우 좋다. • 국물 맛이 좋고 육질이 치밀하다. • 차돌박이는 양지 하단의 하얀 조직으로 독특한 맛이 있다. • 업진살과 치마살은 양지의 뒤쪽 부분으로 지방과 살코기가 교차하여 풍미가 좋다.	• 양지의 대부분은 근육이 단단하여 국거리나 장조림으로 쓰인다. • 차돌박이 : 얇게 썰어 구이로 이용 • 업진안살, 치마양지, 치마살 : 구이
 사태	앞사태 뒷사태 뭉치사태 아롱사태 상박살	• 앞다리와 뒷다리 사골을 감싸고 있는 부위로 운동량이 많아 색상이 진한 반면 근육다발이 모여 있어 특유의 쫄깃한 맛을 낸다. • 장시간 물에 넣어 가열하면 연해진다. • 기름기가 없어 담백하면서도 깊은 맛이 난다.	• 장조림, 찜, 육회, 탕
 갈비	본갈비 꽃갈비 참갈비 갈빗살 마구리살	• 육즙과 골즙이 어우러진 부위로 농후한 맛을 낸다. • 갈빗살은 막이 많고 근육이 비교적 거칠며 단단한 부위지만 근내지방이 많아 맛이 좋다.	• 갈빗살, 토시살, 안창살, 제비추리 : 구이 • 마구리살(통갈비 상하단부위) : 갈비탕 • 그 외 : 찜갈비, 불갈비, 양념갈비

출처: 축산물품질평가원

4) 좋은 쇠고기의 선별 요령

(1) 근내지방도marbling

쇠고기는 근내지방이 섬세하고 고르게 분포되어 있는 것이 부드럽고 맛이 좋다. 흔히 고급육이라고 부르는 것은 연한 정도, 다즙성, 향미에 의해 좌우되는데 근내지방이 많을수록 좋은 고기이다.

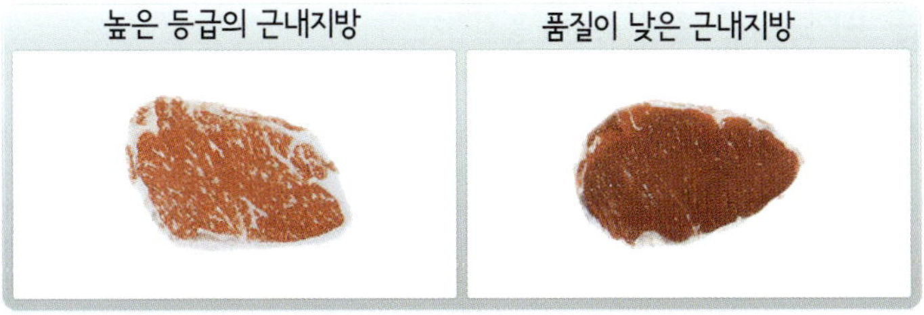

(2) 고기색(육색)

쇠고기의 색깔은 선홍색에 윤기가 나는 것이 좋다. 처음 고깃덩어리를 썰면 암적색을 띠는데, 공기 중에 30분 정도 노출되면 미오글로빈myoglobin이 산소와 결합하여 선홍색이 되고 시간이 오래 지날수록 갈색으로 변한다. 나이가 많거나 운동량이 많은 부위일수록 색깔이 짙어진다.

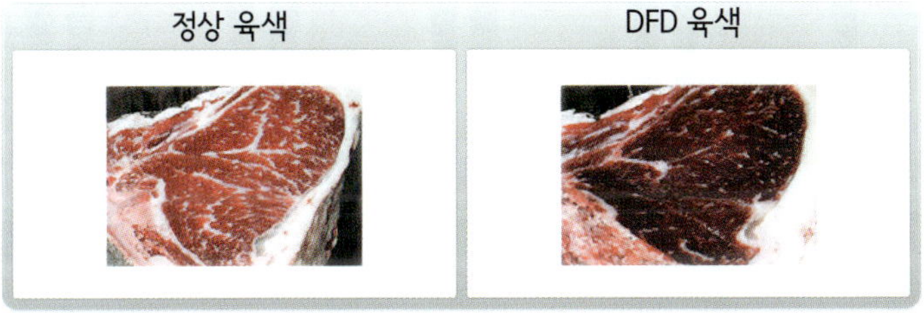

(3) 지방색

쇠고기의 지방색은 우윳빛에 윤기가 나는 것이 좋다. 지방색은 사료, 나이, 영양의 섭취상태 등에 따라 진한 노란색을 띠거나 상태가 푸석푸석해지다.

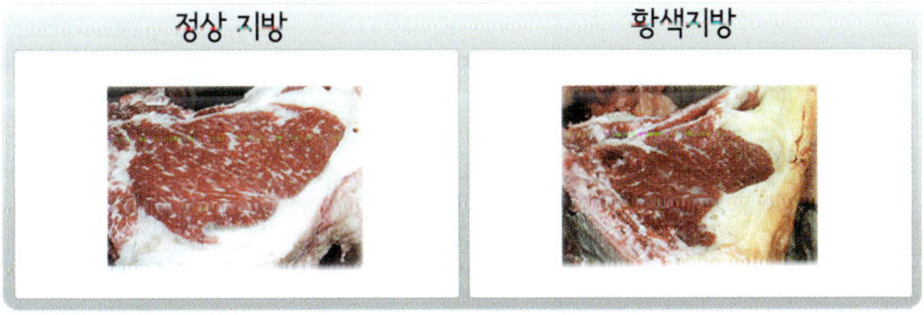

5) 육질등급 판정기준(출처: 축산물품질평가원)

쇠고기의 육질등급은 근내지방도, 육색, 지방색, 조직감, 성숙도에 따라 1^{++}, 1^{+}, 1, 2, 3의 5개 등급으로 판정한다.

① 근내지방도

배최장근 단면에 나타난 지방분포 정도

근내지방도에 의한 등급기준
1++ 등급 : No. 8, No. 9
1+ 등급 : No. 6, No. 7
1 등급 : No. 4, No. 5
2 등급 : No. 2, No. 3
3 등급 : No. 1

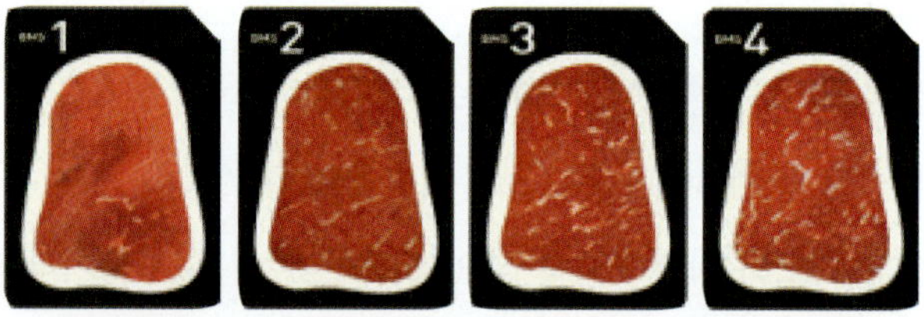

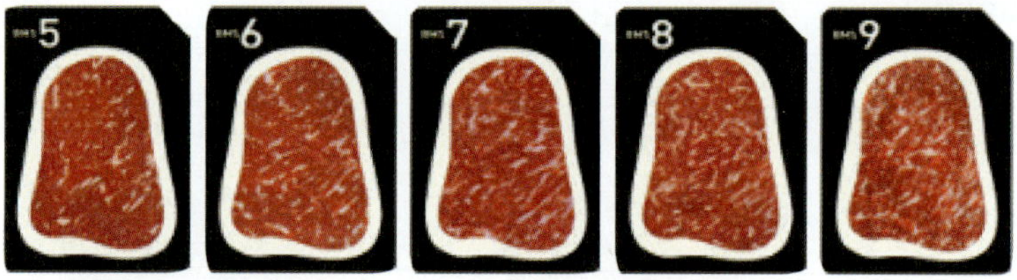

② 육색

배최장근 단면의 고기 색깔(정상 : No. 2~No. 6)

No. 1 No. 2 No. 3 No. 4 No. 5 No. 6 No. 7

③ 지방색

배최장근 단면의 근내지방, 주위의 근간지방과 등지방의 색깔(정상 : No. 1~No. 6)

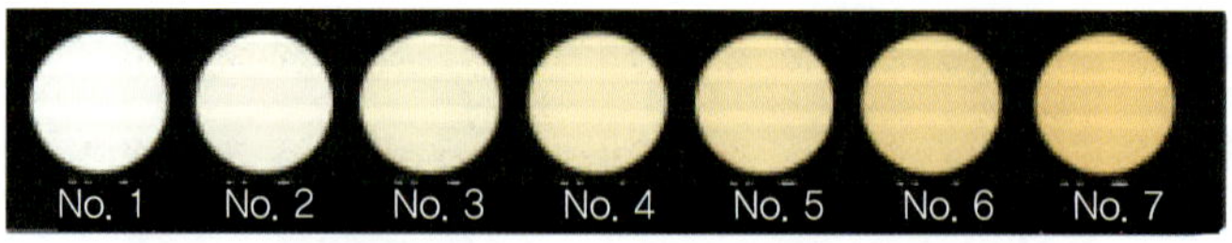

④ 조직감

등급 판정부위에서 배최장근 단면의 보수력과 탄력성

⑤ 성숙도

왼쪽 반도체 척추 가시돌기에서 연골의 골화 정도

6) 소 도체등급 판정과정

1 사육

2 계류

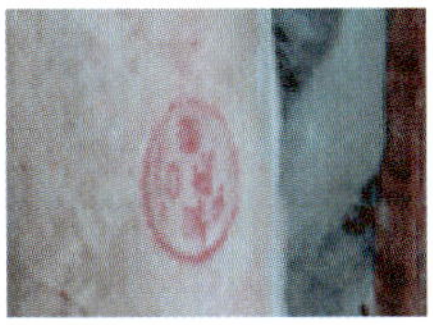
3 도축

6 도체 중량

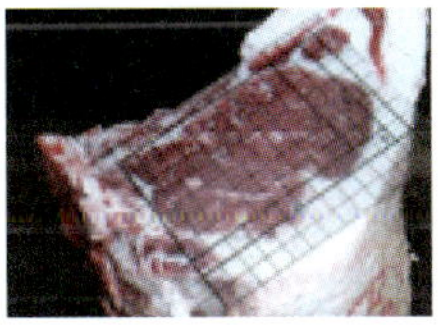
5 등심 단면적

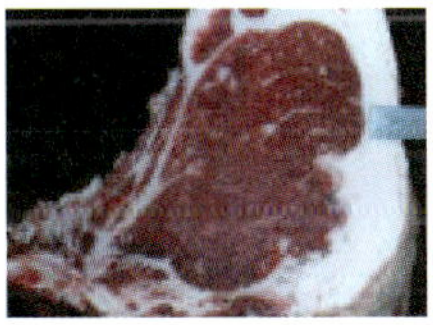
4 등지방 두께

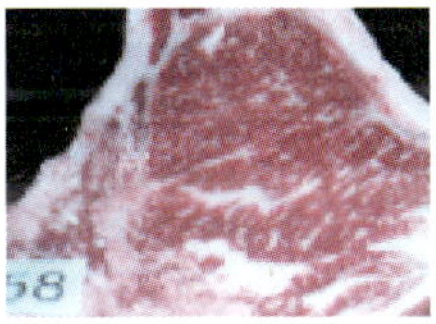
7 근내지방도

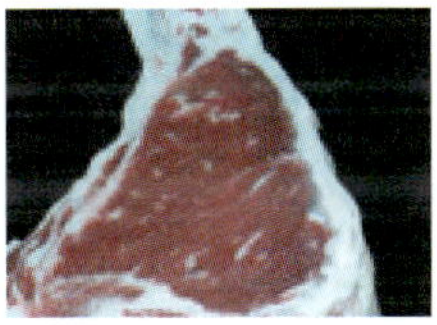
8 육색

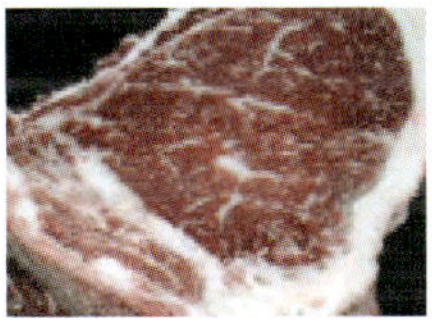
9 지방색

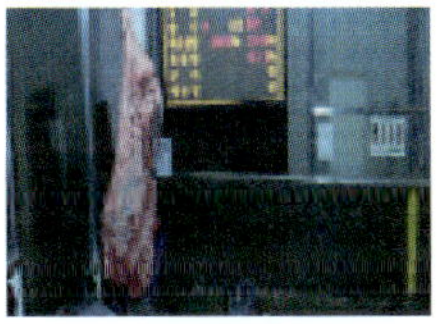
12 경매

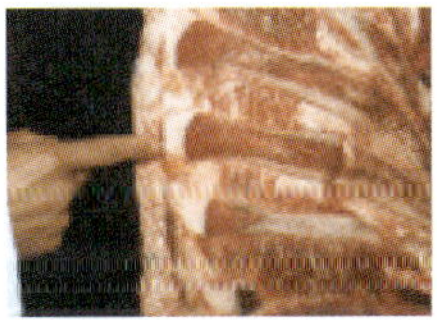
11 성숙도

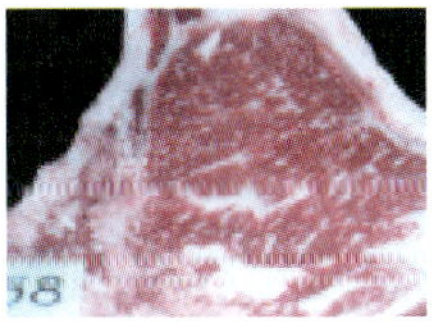
10 조직감

13 판매

2. 돼지고기

1) 소분할의 신설 부위

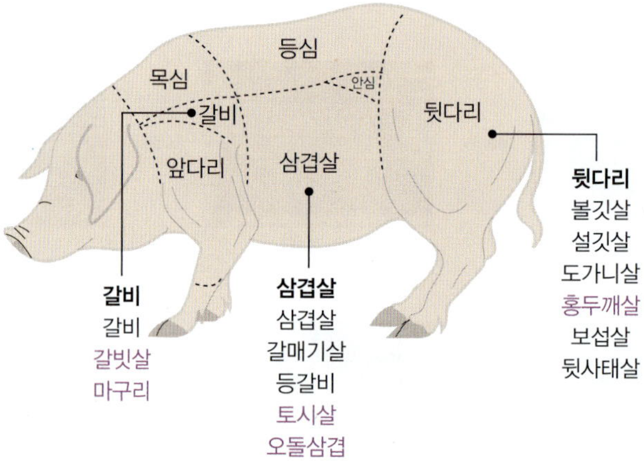

출처: 베스코(VESCO) 홈페이지

2) 부위와 용도

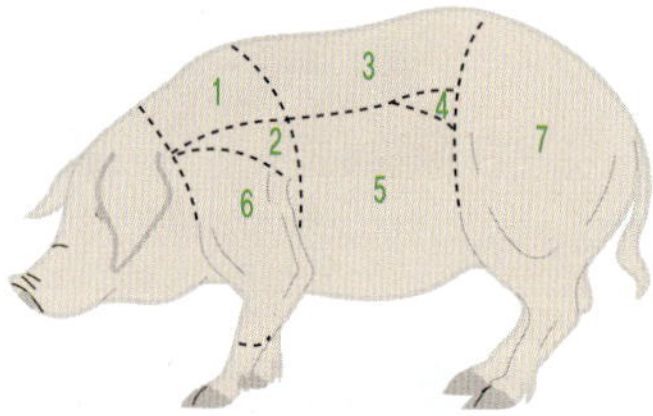

1 목심neck : 구이, 수육
2 갈비rib : 불갈비, 갈비찜
3 등심loin : 돈가스, 스테이크
4 안심tender-loin : 안심가스, 구이
5 삼겹살belly : 불갈비, 찜갈비
6 앞다리blade/cold : 불고기, 장조림
7 뒷다리ham : 산적, 불고기

출처: 축산물품질평가원

3) 부위별 특징과 용도

대분할	특징	요리용도
 목심	• 등심에서 목쪽으로 이어지는 부위로 여러 개의 근육이 모여 있다. • 근육막 사이에 지방이 적당히 박혀 있어 풍미가 좋다.	구이

(계속)

대분할	특징	요리용도
 등심	• 표피 쪽에 두터운 지방층이 덮인 긴 단일 근육으로 고깃결이 고운 편이다.	폭찹, 돈가스, 스테이크
 갈비	• 옆구리 늑골(갈비)의 첫 번째부터 다섯 번째 부위를 말하며, 근육 내에 지방이 잘 박혀 있어 풍미가 좋다.	바비큐, 불갈비, 갈비찜
 안심	• 허리 부분의 안쪽에 위치하며 주변으로 약간의 지방과 함께 밑변에 근막이 형성되어 있다. 육질이 부드럽고 연하다.	탕수육, 구이, 로스, 스테이크
 앞다리	• 어깨부위의 고기로 안쪽에 어깨뼈를 떼어 낸 넓은 피막이 나타난다.	불고기, 찌개, 수육(보쌈)
 삼겹살	• 갈비를 떼어 낸 부분에서 복부까지의 넓고 납작한 모양의 부위이다. • 근육과 지방이 삼겹의 막을 형성하여 풍미가 좋다.	구이, 베이컨(가공용)
 뒷다리	• 볼기부위의 고기로 살집이 두터우며 지방이 적은 편이다.	튀김, 불고기, 장조림

출처: 축산물품질평가원

4) 좋은 돼지고기의 선별 요령(출처: 축산물품질평가원)

돼지고기의 품질은 삼겹살의 상태, 고기의 색깔, 지방의 침착 정도 등에 따라 결정되며, 육질등급(1+, 1, 2, 등외등급)을 참고하여 살 선택해야 한다.

정상육과 비정상육의 비교

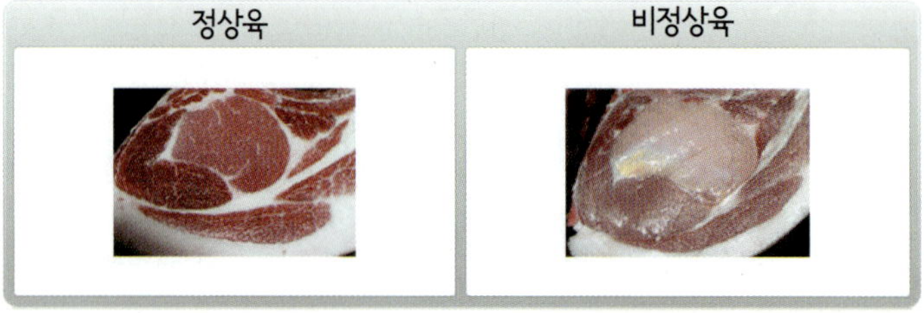

① 고기색

돼지고기의 색깔은 엷은 선홍색을 띠면서 윤기가 나는 것이 좋다. 대체로 돼지고기는 쇠고기보다 색깔이 엷으며, 스트레스를 많이 받는 돼지고기(PSE육 : 물돼지고기)는 육색이 창백하고 탄력성이 적어 물렁거리며 육즙이 많이 흘러나오므로 구입 시 주의가 필요하다.

② 지방색

비육이 잘된 돼지고기는 지방색이 희고 단단할 뿐만 아니라 육질이 연하고 향미가 좋다. 반면 지방이 지나치게 무르거나 노란색을 띠는 고기는 좋지 않다.

5) 육질등급 판정기준(출처: 축산물품질평가원)

판정항목	A등급	B등급	C등급
비육 상태	도체의 살붙임이 두껍고 좋으며 길이와 폭의 균형이 고루 충실하고 등지방 및 복부지방의 부착이 양호한 것	도체의 살붙임과 길이 및 폭의 균형이 적당하고 등지방 및 복부지방의 부착이 적당한 것	도체의 살붙임이 부족하거나 길이와 폭의 균형이 맞지 않거나 등지방 및 복부지방의 부착이 적절하지 못한 것
삼겹살 상태	삼겹살 두께와 복부지방의 부착이 상당히 좋은 것으로 냉도체의 경우 삼겹살 내 근간지방의 두께가 5mm 이상이면서 13mm 미만인 것	삼겹살 두께와 복부지방의 부착이 적당한 것으로 냉도체의 경우 삼겹살 내 근간지방의 두께가 4mm 이상이면서 5mm 미만이고, 13mm 이상이면서 16mm 미만인 것	삼겹살 두께와 복부지방의 부착이 적당하지 않은 것으로 냉도체의 경우 삼겹살 내 근간지방의 두께가 4mm 미만이거나 16mm 이상인 것

구분	인력판정				계판정		
	박피도체		탕박도체		탕박도체		
	도체중 (kg)	등지방 두께(mm)	도체중 (kg)	등지방 두께(mm)	도체중 (kg)	등지방 두께(mm)	수율 (%)
A등급	74 이상~ 86 미만	12 이상~ 22 미만	83 이상~ 96 미만	17 이상~ 27 미만	83 이상~ 96 미만	14.0 이상	56.0 이상
B등급	71~74	10~25	80~83	15~30	80~100	2.0	54.0
	74~86	10~12	83~96	15~17			
	74~86	22~25	83~96	27~30			
	86~90	10~25	96~100	15~30			
C등급	A, B등급에 속하지 않는 것						

돼지 냉도체 육질등급 판정 부위

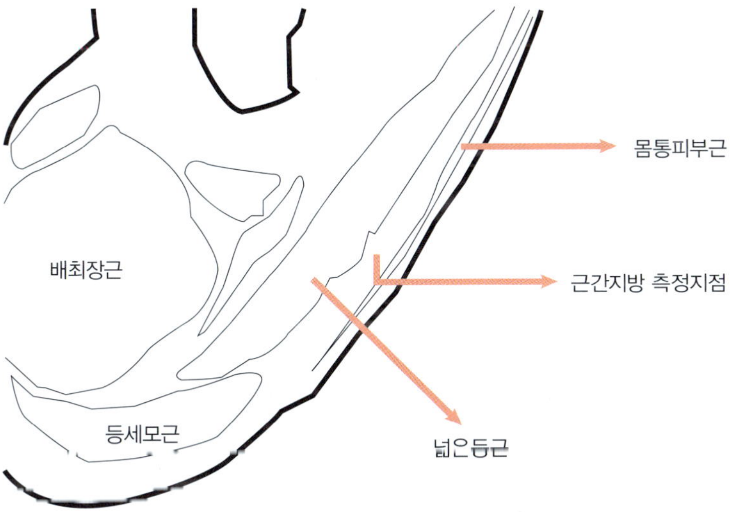

*흉추 4~5번 또는 5~6번 사이 절개면의 넓은등근 1/2 지점과 몸통피부근 사이의 근간지방 두께
출처: 축산물품질평가원

3. 닭고기

1) 부위별 명칭

2) 부위별 특징과 용도

부위	특징	요리용도
 가슴살	• 지방이 매우 적어 맛이 담백하고 섬유로만 되어 있다. • 회복기 환자와 어린이 영양간식에 적합하며, 특히 칼로리 섭취를 줄이고 영양의 균형을 이룰 수 있다.	튀김, 볶음, 조림
 날개살	• 살은 적으나 뼈 주위에 펙틴질이 많아 육수를 만들면 감칠맛이 있다. • 피부의 노화를 방지하고 윤택하게 해주는 콜라겐collagen 성분이 다량 함유되어 있다. • 맛이 좋아 튀김이나 조림 요리에 많이 활용한다.	튀김, 볶음, 조림
 안심	• 가슴살 안쪽의 고기로 담백하고 지방이 거의 없다.	육회, 육개장, 커틀릿
 다리살	• 운동을 많이 하는 부위로 탄력이 있고 육질이 단단하며 근육의 색이 짙다. • 지방과 단백질이 조화를 이루어 쫄깃쫄깃하다.	튀김, 볶음, 조림, 구이

출처: 축산물품질평가원

3) 품질등급 표시와 중량규격의 구분(출처: 축산물품질평가원)

닭고기의 품질등급은 1^{+}, 1, 2의 3개 등급으로 판정하고 다음과 같이 표시한다.₩

(1) 중량규격의 구분

닭도체의 중량규격은 신청인이 제시하는 닭도체의 중량에 따른 호수를 기준으로 소(5~6호), 중소(7~9호), 중(10~12호), 대(13~14호), 특대(15~17호)의 5개 규격으로 구분하며, 중량규격별 중량범위는 다음과 같다.

중량규격	소		중소			중			대		특대		
해당호수	5호	6호	7호	8호	9호	10호	11호	12호	13호	14호	15호	16호	17호
중량범위	451~550	551~650	651~750	751~850	851~950	951~1,050	1,051~1,150	1,151~1,250	1,251~1,350	1,351~1,450	1,451~1,550	1,551~1,650	1,651 이상

(2) 중량규격 확인법

축산물품질평가사는 신청인이 제시한 닭도체의 중량규격이 맞는지를 확인하기 위해 표본추출된 닭도체에 대해 중량을 칭량하여 중량범위에서 2% 이상 미달하는 닭도체의 수가 5%를 초과하는 경우에는 해당 롯트lot에 대한 중량규격의 재선별을 신청인에게 요구한다.

*롯트 : 등급판정 신청자가 등급판정 신청을 위해 닭도체 또는 달걀의 품질수준, 중량규격, 종류 등의 공통된 특성에 따라 분류한 제품의 무더기

4) 품질등급 판정기준

<table>
<tr><th>항목</th><th colspan="2">A등급</th><th colspan="2">B등급</th><th colspan="2">C등급</th></tr>
<tr><td>외관</td><td colspan="2">날개·등뼈·가슴뼈 및 다리가 굽지 않고 외형이 좋으며, 피부병 등 질병의 흔적에 의한 도체 외관의 손상이 없는 것</td><td colspan="2">날개·등뼈·가슴뼈 및 다리가 외관을 손상시키지 않는 범위에서 약간 휘거나, 피부병 등 질병의 흔적에 의해 도체 외관이 약간 손상된 것</td><td colspan="2">날개, 등뼈, 가슴뼈 및 다리가 비정상적으로 휘거나, 피부병 등 질병의 흔적에 의해 도체 외관이 많이 손상된 것</td></tr>
<tr><td>비육 상태</td><td colspan="2">착육성이 충분하며, 특히 가슴과 다리에 고기가 잘 부착된 것</td><td colspan="2">착육성이 보통이며, 특히 가슴과 다리에 고기의 부착이 보통인 것</td><td colspan="2">착육성이 빈약하며, 특히 가슴과 다리에 고기의 부착이 적은 것</td></tr>
<tr><td>지방 부착</td><td colspan="2">피부의 지방층이 매우 잘 발달된 것</td><td colspan="2">피부의 지방층이 충분히 발달된 것</td><td colspan="2">피부의 지방층이 빈약한 것</td></tr>
<tr><td>잔털과 깃털</td><td colspan="2">깃털은 허용기준치(길이 1cm 이하의 깃털 2개 이하)를 넘어서는 안 되며, 약간의 잔털이 있는 것</td><td colspan="2">깃털은 허용기준치(길이 1cm 이하의 깃털 4개 이하)를 넘어서는 안 되며, 잔털이 일부분만 퍼져 있는 것</td><td colspan="2">깃털은 허용기준치(길이 1cm 이하의 깃털 6개 이하)를 넘어서는 안 되며, 잔털이 넓게 고루 퍼져 있는 것</td></tr>
<tr><td>신선도</td><td colspan="2">피부색이 좋고 광택이 있으며, 육질에 탄력성이 있는 것</td><td colspan="2">피부색, 광택, 육질의 탄력성이 보통인 것</td><td colspan="2">피부색이 불량하고 광택이 없으며, 육질에 탄력성도 없는 것</td></tr>
<tr><td>외상</td><td colspan="2">피부의 상처로 인해 노출된 살이 가슴과 다리부위에는 없어야 하고, 기타 부위는 노출된 살의 총면적의 지름이 2cm를 초과해서는 안 된다.</td><td colspan="2">피부의 상처로 인해 노출된 살이 가슴과 다리부위에는 없어야 하고, 기타 부위는 노출된 살의 총면적의 지름이 4cm를 초과해서는 안 된다.</td><td colspan="2">피부의 상처로 인해 노출된 살의 총면적의 지름이 가슴과 다리 부위는 2cm, 기타 부위는 6cm를 초과해서는 안 된다.</td></tr>
<tr><td>변색</td><td colspan="2">가벼운 상처나 멍, 피부의 변색은 허용하나 색이 분명한 것은 총면적에 대해 장축의 지름이 아래의 허용치를 초과해서는 안 된다.
상처로 인한 응혈이 있어서는 안 된다.</td><td colspan="2">가벼운 상처나 멍, 피부의 변색은 허용하나 색이 분명한 것은 총면적에 대해 장축의 지름이 아래의 허용치를 초과해서는 안 된다.</td><td colspan="2">가벼운 상처나 멍, 피부의 변색은 허용하나 색이 분명한 것은 총면적에 대해 장축의 지름이 아래의 허용치를 초과해서는 안 된다.</td></tr>
<tr><td>중량 규격</td><td>가슴과 다리 부위</td><td>기타 부위</td><td>가슴과 다리 부위</td><td>기타 부위</td><td>가슴과 다리 부위</td><td>기타 부위</td></tr>
<tr><td>13호 미만</td><td>1.5cm</td><td>3cm</td><td>2.5cm</td><td>5cm</td><td>3.5cm</td><td>7cm</td></tr>
<tr><td>13호 이상</td><td>2.5cm</td><td>4cm</td><td>4cm</td><td>6cm</td><td>6cm</td><td>8cm</td></tr>
<tr><td>뼈의 상태</td><td colspan="2">골절 및 탈골된 것이 없어야 한다.</td><td colspan="2">골절된 것이 없어야 하고, 1개 의 탈골된 뼈는 허용한다.</td><td colspan="2">1개 이하의 골절 및 2개 이하의 탈골은 허용한다.</td></tr>
<tr><td>이물질 부착</td><td colspan="2">없어야 한다.</td><td colspan="2">없어야 한다.</td><td colspan="2">없어야 한다.</td></tr>
<tr><td>냄새</td><td colspan="2">이상취가 없어야 한다.</td><td colspan="2">이상취가 없어야 한다.</td><td colspan="2">이상취가 없어야 한다.</td></tr>
<tr><td>도체 처리</td><td colspan="6">머리, 다리의 무릎관절부위, 허파·식도·기도·모래주머니 등의 내장이 제거되고 위 내용물, 분변, 혈액, 담즙에 의해 오염되지 않아야 한다.</td></tr>
</table>

출처: 축산물품질평가원

5) 달걀의 중량규격, 등급 표시, 등급판정확인 표시(출처: 축산물품질평가원)

(1) 중량규격

달걀의 중량규격은 무게에 따라 다음과 같이 구분한다.

달걀등급 표시의 예

규격	소란	중란	대란	특란	왕란
중량	44g 미만	44g 이상~52g 미만	52g 이상~60g 미만	60g 이상~68g 미만	68g 이상

*중량규격 및 등급판정일은 신청인이 속포장용기와 겉포장용기에 별도로 표시하는 경우에는 생략 가능

(2) 등급 판정 확인 표시

신청인은 등급 판정을 받는 모든 달걀의 난각에 식용색소로 다음과 같이 등급 판정 확인 표시를 해야 한다.

난각의 표시사항의 예

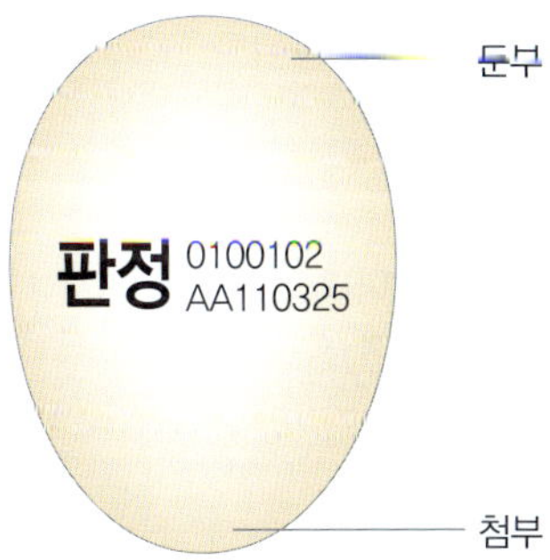

범례	
판정	등급 판정 확인 표시 :
01	생산자 시 · 도(숫자 2자리)
001	생산자 번호(숫자 3자리)
02	계군 번호(숫자 2자리)
AA	집하장 코드(영문 2자리)
110325	등급 판정일(연월일)

참고문헌

강무근, 전재균, 조한용, 우문호. 관광외식원가관리. 도서출판 효일, 2003

곽동경, 류은순, 이혜상, 류경, 최성경, 홍완수, 장미라, 문혜경, 장혜자, 최은희,이경은, 최정화, 이나영. 단체급식의 이해. 신광출판사, 2012

교육과학기술부. 학교급식 위생관리 지침서. 2010

금종화, 김성영, 김정목, 박경숙, 박신인, 소명환, 손규목, 오승희, 유영균, 이극로, 이미옥, 이상일, 조석금, 채용곤. 알기 쉬운 식품위생학. 도서출판 효일, 2011

김규형, 이문석. B2B 농산물 전자상거래 활성화 방안과 과제에 관한 연구. 통상정보연구 제13권 제1호, 2011

김금란, 곽성호, 김미정. 실무 식품구매론. 형설출판사, 2010

김동승, 전영옥, 임양이, 강명수, 김용식, 류경. 식품구매론. 광문각, 2009

김동승. 식품구매관리론. 기문사, 2002

김세훈, 민대환. 한국 지방자치단체의 전자상거래 유형 분석. 한국IT서비스학회지 제14권 제4호, 2015

김혜영, 이양순, 고성희. 최신 단체급식. 도서출판 효일, 2011

류혜숙, 김옥선, 최해연. 4차 산업시대의 식생활가이드. 파워북, 2019

박정숙. 식품구매론. 도서출판 효일, 2011

서정숙, 이혜상, 이심열, 김경민, 김복희. 식생활관리. 신광출판사, 2007

양일선, 이보숙, 차진아, 한경수, 채인숙, 이진미. 단체급식. 교문사, 2009

양일선, 이소정, 김현아, 이해영, 정라나. 식품구매. 교문사, 2011

양일선, 이보숙, 차진아, 이진미, 한경수, 채인숙, 이해영, 박문경. 단체급식 4판. 교문사, 2018

양일선, 이해영, 정라나, 김혜영, 최미경, 정현영. 단체급식 및 외식산업 관리자를 위한 식품구매. 교문사, 2019

양일선, 차진아, 신서영, 박문경. 급식경영학 4판. 교문사, 2018

윤지영, 주나미, 백재은, 배현주. 단체급식 워크북. 교문사, 2003

윤지현, 권수연, 김옥선, 류시현, 이영미, 한규상, 김미영, 이기원. 이해하기 쉬운 단체급식관리. 파워북, 2019

이상현. 주요국별 유전자변형식품 표시제도. 2017

이성호. 급식경영개론. 도서출판 성학당, 2011

이종미, 강남이, 김혜영, 정진은, 조미숙, 조우균, 허채옥. 단체급식. 파워북, 2010

이진영, 김현오, 현영희, 이행숙. 현대식품구매론. 효일문화사, 2004

전희정, 주나미, 백재은, 배현주, 정현아. 단체급식관리. 파워북, 2008

정경, 김경임. 메뉴관리 및 기획. 파워북, 2010

정청송, 장덕래, 채영철. 호텔·식당 외식산업 시설관리론. 도서출판 GCS, 1999

조은자. 한국전통음식연구. 성신여자대학교 출판부, 2008

최슬기, 반영환. 스마트워크 사용자 경험이 조직과 개인의 만족도에 미치는 영향 분석 연구. 차세대컨버전스정보서비스기술논문지 제8권 제3호, 2019

통계청 보도자료(2019. 8. 2.). 2019년 6월 온라인쇼핑 동향.

한국식품영양관련학과교수협의회. 영양사 시험 요점정리. 문운당, 2011

현영희, 구본순, 송주은, 김덕순. 식품재료학. 형설출판사, 2008

홍기운, 진양호, 김장익. 최신 식품구매론(급식·외식·호텔식음료). 대왕사, 2003

홍진숙, 박혜원, 박란숙, 명춘옥, 신미혜, 최은정, 정혜정. 식품재료학. 교문사, 2010

황언석. 급식구매관리. 연세대학교 급식경영전문인 과정 강의 자료집, 2000

황재희, 박정은. 식품재료학. 도서출판 효일, 2006

참고 사이트

국립농산물품질관리원 http://www.naqs.go.kr

금천초등학교 http://www.kumma.es.kr

나이스 www.neis.go.kr

농수산물사이버거래소 http://school.eat.co.kr/index.jsp

농촌진흥청 http://www.rda.go.kr

동원홈푸드 http://www.dwhf.co.kr

서울시농수산식품공사 www.garak.co.kr

식품의약품안전처 http://www.mfds.go.kr

신세계푸드 http://www.shinsegaefood.com

익산학교급식지원센터 http://cafe.daum.net/iksan-schoolbob

진주 농산물도매시장 http://market.jinju.go.kr

축산물품질평가원 http://www.ekape.or.kr

풀무원푸드앤컬처 httpo://www.pulmuonefnc.com

학교급식전자조달시스템 http://school.eat.co.kr/index.jsp

현대그린푸드 https://hyundaigreenfood.com/po/is/lgs/ISLGS02L.hgc

(주)푸드머스 http://www.foodmerce.com

CJ 프레시웨이 http://www.cjfreshway.com

ECMD http://www.ecmd.co.kr

찾아보기

ㄱ

가공식품 산업표준 KS 인증제도 54
가공유 221
감자 197
갑각류 220
강낭콩 200
거래명세서 122, 125
건강기능식품 마크 40
건강기능식품 표시 43
건조창고 138
검수 98, 116
검수기기 118
검수도장 125
검수방법 119
검수원 116
검수일지 98, 124
검수절차 122, 127
검수표 125
견과류 210
견적의뢰서 87
경매 28
경쟁입찰계약 81
계약 80
고객만족도 15
고구마 197
고열량·저영양 식품 57
곡류 192
곤약 198
공간 활용 극대화 137
공급업체 선정 95
공동구매 76
공영도매시장 24
과일류 209
과채류 204
관능검사법 128
교육행정정보시스템 178
구매 12
구매 계약 80
구매 계약기간 88
구매계획 72
구매관리 조직 62
구매 담당자 65
구매명세서 94
구매시장 조사 30
구매 유형 73
구매 입찰공고 84
구매절차 93
구매청구서 95, 122

구매활동 92
극피류 220
근채류 204
급식일지 181
기업 간 전자상거래 170
기업과 소비자 간 전자상거래 170
기업과 정부 간 전자상거래 171
꼬리표 123

ㄴ

납품검사 116
납품서 122, 125
냉동고 142
냉동 보관 142
냉장고 140
냉장 보관 142
녹두 200
농수산물시장 29
농수산물의 거래체계 27
농수산물이력추적관리제 46
농안법 24

ㄷ

다시마 215
단립종 192
단수수의견적 87
달걀 218
닭고기 218
닭/오리/달걀이력제 47
당용구매 79
대금 결제 98
대두 199
도매시장 21, 24
독립구매 74
돼지고기 217
돼지고기이력제 47
두류 198
땅콩 200

ㅁ

목이버섯 212
무농약농산물 52
무선인식 47
무항생제축산물 52
물품 검수 121
미역 214
민영도매시장 25
밀 194
밀가루 194

ㅂ

반품서 98, 126
발주 98
발주량 98
발췌검수법 119
방침계획 72
버섯류 210
버터 222
벼 192
변질 16
보리 193
보존료 60
복수수의견적 87
분류 저장 137
분산구매 74
분질감자 197
비용 경제성 31

ㅅ

산란일자표시제 133

산지시장 21
산채류 205
새송이버섯 211
생산 및 판매 계획 73
서류 197
선입선출 137
선입선출법 162
소매시장 21
소비기한 120
소비자 간 전자상거래 171
쇠고기 216
쇠고기이력추석제 47
수산물이력제 48
수산물품질인증 56
수산물품질인증제 56
수산전통식품 품질인증 56
수시구매 79
수요량 166
수의견적 83
수지식 28, 175
스마트워크 184
시장 20
시장조사 30
식용타르색소 60
식육류 216
시가개 공급 계약서 88
식재료 규격 가이드 132
식품구매 12
식품구매관리 13
식품시장 20
식품안전관리인증기준 57
식품에 대한 일반표시 39
식품 유통체계 22
식품의 감별법 127
식품이력추적관리제 46
식품이력추적관리제도 49
식품 이력 추적 운영체계 51
식품첨가물의 사용에 관한 기준 60
식품 품질표시제도 33
실사재고관리시스템 156
실사재고기록카드 157
실제구매가법 161
쌀 192

ㅇ

안전재고 161
양곡시장 29
양문형 냉장고 141
양송이버섯 211
어류 219
어린이 기호식품 품질 인증 마크 57
어린이기호식품품질인증제도 57
어패류 219
ABC 관리기법 158
연유 221
연체류 220
엽경채류 204
영구재고관리시스템 154
영구재고기록카드 155
영양 강조표시 44
영양성분 표시 41
영양소 기준치 44
영양표시제 40
우수농산물관리제도 53
우수식품 인증 55
우수식품인증제도 54
우유 220
원산지표시제 33
위치 표식화 136
유기가공식품 인증 53

유기농산물 52
유기수산물인증 56
유기원료 53
유기축산물 52
유전자변형생물체 34
유전자변형식품 34, 37
유전자변형식품제 34
유제품 220
유통 23
유통경로 23
유통기한 120
윤리강령 68
음식점원산지표시제 34
의무표시 33
2차 시장 21
인과류 209
인디카형 192
일괄위탁구매 79
일반경쟁입찰 81
일반법정도매시장 25
1일 영양성분 기준치 40
1차 시장 21
입찰서 86
입·출고 관리 149

ㅈ

자포니카형 192
장과류 210
장기계약구매 79
장립종 192
재고 152
재고계속기록법 154
재고관리 152
재고량 98
재고실사법 156
재고회전율 165
저장관리 136
저장시설 138
적정 수량 15
적정 재고 수준 165
전산화시스템 177
전수검수법 119
전자경매 174
전자상거래 170
전자식 28, 175
점질감자 197
정기구매 78
제조연월일 120
제한경쟁입찰 82
조개류 220
조달 13
조사 계획성 32
조사 적시성 31
조사 정확성 32
조사 탄력성 32
중립종 192
중앙공급시스템 63
중앙구매 74
지리적 표시제 44
지리적 표시제 마크 45
지명경쟁입찰 82
지역시장 21
집중구매 74
집중(중앙)구매방식 63

ㅊ

창고 보관방법 139
창고식 대형 냉장고 140
창고클럽구매 78
채소류 203

총평균법 164
최소-최대관리기법 160
최적 가격 15
최적의 공급원 15
최적 품질 14
최종매입원가법 163
축산물이력제도 47
출고전표 149
치즈 222
친환경농축산물인증제도 52

ㅍ

파레토법칙 159
팥 199
팽이버섯 212
편의형 소형 냉장고 141
평균재고액 167
표고버섯 211
표준레시피 94
푸드머스 185
푸디스트 187
품목별 카드 154
품질 보존 137
품질유지기한 120
품질 인증 52

ㅎ

학교급식 전자조달시스템 178
한국 전통식품 품질 인증 55
해조류 214
핵과류 210
화채류 204
회계기 189
후입선출법 163

B

bin card 154
B to B 170
B to C 170
B to G 171

C

C to C 171

D

distribution 23
distribution channel 23

E

eaT system 182
ERF 186
ERR 187
ERS 185

F

FIFO 162
first-in first-out 137
first-in first-out method 162
food chain system 22
food distribution market 20
food purchasing 12

G

GAP 53
genetically modified 34
GM 34
GMO 37
good agricultural practice 53

I

inventory 152
inventory turnover 165

J

JIT 78

L

last-in first-out method 163

M

management of food purchasing 13
market 20
market research 30
MD 67
merchandiser 67

N

NEIS 178

P

Pareto's law 159
point of sales system 189
POS 189
purchasing 12

R

radio frequency identification 47
RFID 47

S

safety stock 161

T

tag 123

저자 소개

백옥희 중앙대학교 대학원 식품영양전공 이학박사
현재 주식회사 디미 대표

윤기선 미국 로드아일랜드 주립대학교 식품과학 박사
현재 경희대학교 식품영양학과 교수

한은숙 중앙대학교 대학원 식품영양전공 이학박사
현재 배화여자대학교 식품영양과 교수

김옥선 숙명여자대학교 대학원 식품영양전공 박사
현재 장안대학교 식품영양과 교수

고성희 성신여자대학교 대학원 식품영양전공 이학박사
현재 성신여자대학교 식품영양학과 교수

이해하기 쉬운
식품구매

2020년 7월 22일 초판 인쇄
2020년 7월 27일 초판 발행

지은이 | 백옥희 · 윤기선 · 한은숙 · 김옥선 · 고성희
발행인 | 유제구
발행처 | 파워북
주 소 | 경기도 고양시 일산동구 호수로 358-25
동문타워 2차 529호
전 화 | (02) 730-1412
팩 스 | (031) 908-1410
등 록 | 1997. 1. 31. 제2014-000067호

정 가 22,000원
ISBN 978-89-8160-424-0 (93590)

잘못된 책은 바꿔드립니다.